ちくま文庫

身近な植物の賢い生きかた

稲垣栄洋

筑摩書房

目次

イラスト●横山拓彦

身近な植物の賢い生きかた

まえがき

植物というのは不思議な生き物である。

なにしろ私たち人間とは姿も形もまったく違う。手足はおろか、目や耳さえない。脳みそだってないし、口をきくこともない。歩きまわることもなく、朝から晩まで同じ場所から動かない。日々、忙しく生きている私たちからすれば、まったく理解不能な存在だ。

古代ギリシアの学者アリストテレスは、「植物は逆立ちした人間である」と評したという。口に相当する根が一番下にあり、胴体に相当する茎がその上にある。そして、人間の下半身にある生殖器が、植物の一番上にある花だというのである。アリストテレスの言うように、植物が人間とあべこべの生き物だとすれば、私たちが植物の生き方をさっぱり理解できないのも、無理からぬ話なのだろう。

しかし一方で、植物の生活が時々妙に気にかかることがあるのも事実だ。踏まれながら咲いた道ばたの雑草の小さな花に私たちは心打たれる。樹齢を重ねた見上げるような巨木には、どこか神々《こうごう》しさを感じずにいられない。植木鉢にまいた一粒の種が芽を出したとき、その神秘になんともいえない感動を覚える。

植物は、私たち人間にとって実に身近な存在だ。森の木々や野原の草花も植物だし、公園の花壇や美しい花束を彩る花々も植物である。私たちが住む木の家を支えてくれているのも植物なら、私たちが食べている野菜や果物、米や麦などもすべて植物だ。およそ植物を目にしない日はないほど、植物は私たちの身のまわりにあふれかえっている。しかし、こんなに身近にあるのに、植物がいったいどんな生き物で、どんな生き方をしているかというと、意外にピンとこないのが実際のところだ。

身近にいながら、謎の多い植物の生き方。果たして私たちにそれを知る術《すべ》はあるのだろうか。

ユーモア作家マーク・トウェーンの作品に『王子と乞食』という物語がある。ひょんなことから出会った王子と乞食は服を取り替える。こうしてまんまと入れ替わった二人はお互いに今まで想像もしなかった別の世界を見聞きするのである。もし私たちが植物の世界に迷い込むことができたとしたら、そして彼らの話や考えを理解できるとしたら……、私たちは植物のどんな生き方に出会うことができるだろう。

植物を擬人化することは、けっして正確であるとは言えない。しかし、相手の立場に立ってみて初めてわかりあえることも、世の中にはままあることだ。そこで本書では、これまで植物学が明らかにしてきた植物の生き方の実像を、植物を主人公とした物語として描くことを試みた。

悲喜こもごも生きる植物の姿は、あなたの共感を得るかもしれない。余計なことは考えない植物のまっすぐな生き方に、私たちは「生きる」ことの意味を問い質《ただ》されるかもしれない。あるいは、それでもなお理解不能な植物の不思議さを思い知らされるかもしれない。『王子と乞食』の王子よろしく、植物の世界に足を踏み入れる私たちを待ち受けるものはいったいなんだろうか？

好奇心をカバンいっぱいに詰めて、靴から人間世界の泥を落として、準備が整ったらさっそく出かけてみることにしよう。いざ、植物の不思議の世界へ。

病原菌とのミクロの戦い

健康ブームの立役者

世は健康ブームである。

テレビ番組や雑誌は、毎日のようにこぞって心惹かれる健康法をとりあげている。ある食材が体にいいと紹介されれば、日本中のスーパーマーケットでその食材が瞬く間に売り切れる。消化しきれないほどのサプリメントや健康食品を口にしている人もいるだろう。一日わずか一五分で効果があるというエクササイズも、いろいろなテレビ番組がいろいろなエクササイズを紹介するから、すべてやろうとすれば結局は何時間もかかってしまうことになる。

テレビで見てその気になって買った健康食品も、わずかな時間で効果があがる運動も、すぐに忘れ去って続かないが、また新たな情報が紹介されると、同じようにそれに飛びついてしまう。なんとも悲しい性《さが》である。

さて、健康番組でよく耳にする物質に、アントシアニンなどのポリフェノールや各種ビタミンなどの植物由来の抗酸化物質がある。これらの物質は、老化防止や美肌効果、動脈硬化の予防、癌《がん》の予防、抗ストレス、疲れ目の改善などなど、病んだ現代人の誰もが気になる効果をふんだんに備えている。しかも、植物由来の天然成分と言われれば、それだけで体に良さそうな気がしてしまう。

「これさえ食べれば大丈夫」というテレビ番組の演出はやりすぎにしても、植物は確かに人間の体を健康に保つさまざまな成分を持っているのだ。

しかし、考えてみれば不思議である。どうして植物が人間の老化を防止して若々しくさせたり、人間のお肌をすべすべにしたりするような物質をわざわざ持っているのだろう。植物は人間のお役に立とうと頑張っている健気《けなげ》な生き物なのだろうか。それとも神様は人間の健康のために地球上の植物を創りたもうたのだろうか。

この話をするためには、植物と植物病原菌の壮絶な戦いの物語から始めなければならないだろう。

病原菌の来襲

ある植物の葉っぱの上。いつもと同じようにやわらかな太陽の光が降り注ぎ、いつもと同じように退屈で平和な一日が過ぎようとしている。

人間の世界で言えば、けたたましくサイレンが鳴り響くような感じだろうか。突然、「緊急警報」を知らせる信号が葉っぱ内を駆け巡った。葉っぱ全体に緊張が走る。植物をむしばむ病原菌が現れたのである。

病原菌が植物に対してエリシターと呼ばれる物質を発すると、植物はこの物質を感じとって病原菌の来襲を感知する。そして、すぐさま防御態勢を整えるのである。しかし、不思議なことがある。なぜ、病原菌は自分の存在を知らしめるような物質を自ら出すのだろうか。

「やあやあ、我こそは音に聞こえた病原菌なり」

一騎打ちに挑む古《いにしえ》の武将のごとく、高々と名乗りをあげて正々堂々とした戦いを挑もうとしているのだろうか。もちろん、これから植物を侵そうという病原菌にそんな善意はない。

例えば、ある泥棒がいつも窓ガラスを石で投げ割ってから、空き巣に入っていたとしよう。ところが何度も泥棒に入られた家の主人は窓ガラスに警報機をつけることを思いついた。ガラスが割れればベルが鳴り、警備員が駆けつけるのである。しかし、なにも知らない泥棒はいつもの手口で侵入しようと石を投げつけた。もちろん、けたたましく警報機が鳴り響き、泥棒はあえなく侵入に失敗してしまった。

ことの経緯を知らない人がこの様子だけを見たらきっとこう思うだろう。家に侵入するために、なぜ、わざわざ石を投げつけて警報機を鳴らすのか。

石は、もともとは攻撃のためのものだったのが、その対策を講じられたことによって、泥棒にとっては役に立つどころか、自らの存在を相手に知らせるだけのものになってしまったのである。

泥棒の投げた石のように、エリシターももともとは病原菌が植物に感染するために発した武器だったと考えられている。しかし、植物の防御システムが発達し、今では植物に自らの存在を教えてやるだけのものになってしまったのである。

植物の防御システム

病原菌の来襲を受けて、植物はそれを迎え撃つ。それでは、植物の防御システムとはどのようなものなのだろう。防衛戦の基本は、まず敵の侵入を水際で食い止めることである。植木に水をやると植物の葉が水をはじくことに気がつくだろう。植物の葉の表面はワックスの層でコーティングされていて、これが城壁のように侵入を防いでいるのである。しかも病原菌は乾いていると感染しにくいものが多いから、濡《ぬ》れにくいワックスは、敵の攻撃拠点づくりを妨害する効果もあるのだ。

さらに、ワックス層の下には抗菌物質を蓄えて、なみなみと水を張った深い堀のように病原菌の侵入に備えている。まさに深い堀と高い城壁で敵を阻んでいるのである。

城であれば、敵はまず侵入しやすい城門に殺到してくる。そこで、敵の来襲にはすぐさま城門を閉めなければならない。植物も同じである。

隙間のないように見える植物の葉だが、実は表面には呼吸のための空気を出し入れする気孔という穴がたくさんあいている。この気孔からの侵入を企てる病原菌は多い。そこで、植物は敵の来襲に真っ先に気孔を閉じる。これで敵に侵入されることは避けられた。

しかし戦いは終わっていない。気孔が閉じられたからといって、病原菌が侵入を諦めるはずはないのだ。病原菌は細胞壁を破壊し、無理やり押し入ろうとする。細胞壁が破られたらどうするか。植物は破られた地点に細胞内の物質を凝集させてバリケードを築く。必死の抗戦である。しかし、病原菌の攻撃は手ごわい。バリケードを破られるのも時間の問題だろう。もはや戦いは避けられない。いよいよ命をかけた防衛戦の始まりである。

活性酸素で反撃

私たちの生存に欠かせない酸素だが、本来はありとあらゆるものを錆《さ》びつかせてしまう毒性物質である。そして、この酸素をさらに錆びつかせやすいように毒性を高めたものが活性酸素である。

病原菌の存在を感知した植物細胞は直ちにこの活性酸素を大量に発生させて病原菌を攻撃する。この活性酸素の発生はオキシダティブバースト（酸化の大爆発）と呼ばれている。かつてはこの活性酸素は攻撃力の高い武器だったと考えられているが、進化の過程で病原菌の装備も進んだ近代戦では、病原菌はびくともしない。

しかし異常な活性酸素の大発生は、今でも重要な役割を果たしている。緊急事態の深刻さを植物の体中に伝える合図としての役割を果たしているのだ。見張りの放った銃弾は敵を退ける力はないものの、その銃声に気がついて多数の兵隊が戦闘準備をするのと同じである。

活性酸素の発生によって、植物はいよいよ緊急配備を整える。まだ病原菌に侵入されていない細胞は、壁面を固くして防御力をあげる。さらに、抗菌物質を大量に生産して、病原菌との戦いに備える。ただし、これらの対抗策は準備にやや時間がかかるという欠点がある。防衛策が間に合わず、細胞内に病原菌の魔の手が侵入してきたら、どうすればよいのだろう。まさに絶体絶命。病原菌の侵入を許してしまった細胞に打つ手はあるのだろうか。映画であれば、クライマックス。いよいよ最後の戦いである。

プログラムされた死

植物細胞のとった最後の手段。それは敵もろともの自爆である。病原菌に侵入された周囲の細胞が一気に死滅するのだ。病原菌の多くは生きた細胞の中でしか生存できないから、細胞の死滅とともに、病原菌も死に絶えてしまう。細胞にとっては命と引き換えに、植物体を死守するのである。これはけっして細胞が病原菌にやられて死ぬわけではなく、あくまでも植物側のコントロールによって細胞が自殺する。そのため、この現象は「アポトーシス（プログラムされた死）」と呼ばれている。実際に病原菌の侵入を受けた細胞ばかりでなく、周辺の健全な細胞もアポトーシスを起こす。山火事のときに、それ以上火が燃え広がらないように木を切り倒して食い止めるが、同じように病原菌が侵入した周囲の細胞を死滅させることで、病原菌の広がりを食い止めるのである。病原菌の攻撃を受けた葉っぱに細胞が死滅した斑点が見られることがある。しかし、実際には病気の症状ではなく、細胞が自殺して病原菌を封じ込めた跡であることも少なくない。

かくして自ら散っていった尊い細胞の犠牲によって、植物には再び平和が訪れた。映画であれば感動のフィナーレ。市民の誰もが肩を抱き合って勝利を喜び合い、歓喜とともに物語が終わるところである。

ところが、これではハッピーエンドにならない。物語には続きがあるのだ。

抗酸化物質の活躍

戦い終わって日が暮れて。残されたのは大量の活性酸素である。活性酸素は毒性物質だから、植物に対しても悪影響を及ぼす。戦後復興のために大量に残された地雷の撤去が必要なように、この活性酸素を取り除かなければ真の平和は訪れないのだ。そこで登場するのが、ポリフェノールやビタミン類など植物が持つ抗酸化物質なのである。植物は活性酸素を除去するためのさまざまな抗酸化物質を持っているのだ。

植物は攻撃のための武器だけでなく、平和を取り戻すために武器をなくす方法をも身につけているのだ。武器だけでは自らの身まで滅んでしまうことを知っているのである。作りすぎた核ミサイルを持て余している人間は、少し見習ったほうがいい話だ。

人間の体内で産生される活性酸素は、人間の細胞に悪影響を及ぼす。活性酸素は、細胞を傷つけ、さまざまな症状を引き起こすのだ。もちろん、肌も老化し、みずみずしさを失ってしわくちゃになってしまう。そこで、活性酸素を除去するために植物の抗酸化物質が効果を発揮するのである。

もちろん人間も活性酸素の発生と消去のシステムを持っている。しかし、活性酸素を発生させたり除去させたりを頻繁に繰り返す植物は、格段に抗酸化物質の種類が多い。さまざまな抗酸化物質が植物由来なのは、そのためなのだ。

何役にも使える天然成分

さらに植物由来の物質には特徴がある。植物が作り出す成分は多機能なのだ。植物にとって化学成分を作り出すのはタダではない。根から吸った養分と光合成で作り上げた糖分、植物はこの限られた資源からすべての生命活動をまかなわなければならないのだ。とても防衛予算ばかりに使うことはできない。

栄養分を投資してしっかりと成長することも大切である。競争力を高め、隣の植物よりも大きくなって光を奪い合わなければならないのだ。もちろん、花を咲かせ、花粉や種子を作ることも次世代育成のための重要な予算配分だ。こうなると、限られた資産を効率よく活用することが必要となる。どうも無駄使いが多いように見える人間社会の予算配分と違って、生存をかけた植物の配分は常に合理的である。そうでなければ、生き残ってはこられなかったのだ。

資源を費やして生産する化学物質も、非効率なものではいけない。一石二鳥、一石三鳥の物質を作り上げなければならないのだ。例えばアントシアニンは活性酸素を除去する抗酸化物質である。しかし、同時に抗菌活性もあわせ持っている。あるいは水に溶けて浸透圧を高め、乾燥時の細胞の保水力を高めたり、低温時の凍結防止の役割を果たすこともできる。それだけではない。アントシアニンは赤紫色をしているので、花びらを染めて花粉を運ぶ虫を惹きつけたり、果実を染め上げて種子を運ぶ鳥を惹きつけることにも使われる。バラの花の赤色やブドウの果実の紫色もアントシアニンの働きだ。また、紫外線を吸収し、紫外線から体を守る働きもある。いったい一石何鳥になるだろう。まったくもって便利な物質である。これさえあればなんでも使える万能ナイフのような便利な存在なのだ。

アントシアニンだけでなく、植物が選び抜いて利用している成分は一つで何役にも使える多機能な成分が多い。だから植物が持っている成分が、植物が思いもしないような有用な作用を人間の体にもたらすことも期待できるのだ。

防衛システムを突破

植物の防衛システムはほぼ完璧といっていい。世の中には無数の菌が存在しているが、ほとんどの菌は植物の防衛システムに阻まれて感染に失敗している。

しかし、実際には植物も病気にかかる。実は、限られたわずかな菌が植物の防衛システムを突破する術《すべ》を身につけ、病原菌として暗躍することに成功したのである。植物病原菌は、いったいどのようにして完璧な防衛システムを持つ植物に感染しているのだろう。

植物はエリシターを感知して、防御態勢を整える。それならば、いっそのことエリシターを出すのをやめてしまえば簡単なように思うが、どうやらそうもいかないようだ。人間の社会でもそうだが、一度作ったものは、「せっかく作ったのだから」となかなか無くせないものだ。あなたの会社にもそんな部署が一つや二つはあることだろう。あるいは身のまわりにそんな公共工事はないだろうか。

ただし、既存のものを無くすことには関心がないが、その代わり、目新しいものを新たに作るということには誰もが熱心である。こうして古いものはおざなりにして、新しい部署や新規事業は作られる。なにしろ同じ労力をかけるのなら、そのほうがずっと評価も高い。病原菌もエリシターをなくすのではなく、新たなシステムを導入することを考えたようだ。

果てしなき病原菌との戦い

難攻不落の誉れ高い城を前にして、あなたならどんな手を打つだろうか。まともに戦っても勝ち目はありそうにない。いたずらに攻撃しても、ダメージを受けるだけである。

生き馬の目を抜く戦国時代。名将とうたわれた戦国大名の多くは謀略を駆使した。にせの情報を流して、混乱を招き、戦力のダウンを謀《はか》ったのである。完璧な防御システムを破る有効な方法は、防御システムを機能させないことである。

植物は病原菌から出るエリシターという物質を感じて、防衛システムを発動させる。そこで病原菌は、この防衛システムを機能させないためのサプレッサーという物質を出すことを考えた。まるで怪盗ルパンが大勢の警備員たちを眠り薬で眠らせてしまうかのように、病原菌も植物のエリシター感知システムを眠らせてしまう。そして、あざやかに侵入に成功するのである。

もちろん植物だってやられっぱなしではない。病原菌から発せられるという点では、エリシターもサプレッサーも違いはない。それならばサプレッサーをいち早く感じて防衛システムが起動するように、感知システムを修正すればいい。

石でガラスを割れば警報機が鳴ってしまう。それならば、と泥棒は警報機につながるコードを切ってから石を投げるようにした。これがサプレッサーである。そこで、家人は対策を考える。今後はコードが切られて通電が止まったら、警報機が鳴るようにしよう。そこで、泥棒はさらにこの警報機を機能させない方法を考える。植物と病原菌とははるか昔からこんな戦いを繰り返しながら、共に進化してきたのだ。

あなたの家の庭先で、公園で、森で、野で、今日も植物と病原菌の果てしない戦いが繰り広げられている。そして戦いが起こるたびに、植物は日々活性酸素を作っては、除去しているのである。植物にとって真の平和が訪れるのはまだまだ遠い先のことだろう。

かくして植物は日夜、抗酸化物質を作り続けている。そして、植物が戦い続ける限り……、あなたの肌はいつまでもみずみずしく、若々しくいられるに違いないだろう。

昆虫の食害からの防衛

強大な敵・昆虫との戦い

前項で紹介したように、病原菌との戦いは壮絶である。しかし病原菌も強大な敵だが、植物を襲うのはそれだけではない。

葉を食い荒らす昆虫も実におそろしい敵だ。傍若無人に片っ端から葉っぱをむしゃむしゃ食べまくる。病原菌に比べれば、体もすこぶる巨大で、まるで街を踏み荒して破壊する怪獣のような存在だ。とても細胞が自殺したくらいで倒せる相手ではない。

植物はこの強大な敵にどのように立ち向かっているのだろう。小さな病原菌に対しては細胞レベルでダイナミックな戦いを展開できたが、相手はあまりに巨大な敵である。動物であれば、尖《とが》った牙や鋭い爪で敵に立ち向かうところだろう。しかし、動物のように自由に動けない植物が使える武器は限られている。

武力と武力のぶつかりあう人類の戦争の歴史。ところが、力を持たない者が戦わずして強靭《きょうじん》な権力者を殺害し歴史を変えてしまう事件が、時として起こる。毒殺である。古今東西を問わず、毒を盛るというのは戦わずして強靭な敵を殺す常套《じょうとう》手段なのだ。力を持たない植物が強大な敵を倒すには、これほど有効な手立てはない。殺《や》らなければ殺られてしまうのだから、生き残るためには卑怯などとは言ってはいられない。かくして植物はありとあらゆる毒性物質を調合し、身を守る道を選んだのである。

ハーブの香りも植物の毒

毒というとなんとも恐ろしい感じがするが、私たちにとっては身近なものでもある。例えば吸いすぎると健康を害するというタバコの成分、ニコチンはもともと害虫から身を守るための物質である。野菜のえぐみもそうだ。ホウレンソウのえぐみの原因となるシュウ酸も、本来は防御のための物質である。シソやネギ、ハーブの香り成分も、すべては害虫を防ぐために植物が身につけたものだ。タンポポの茎を切ると白い粘着性の液が出てくるので、昔の子どもたちは切った茎ではんこ遊びをした。この白い液も昆虫の食害から防御するためのものである。

ワサビやタマネギの辛味成分も植物の化学兵器である。ただ、ワサビやタマネギは化学兵器に少し工夫を加えている。ワサビの持っている化学兵器はシニグリンという物質である。しかし、シニグリン自体には辛味がない。ところが昆虫が食害して細胞が壊れると、細胞内のシニグリンが細胞の外にあった酵素によって化学反応を起こし、アリルからし油という辛味成分を生産するのである。ワサビは細かくすりおろすほど辛くなるのは、それだけ細胞が壊れるからなのだ。タマネギの化学兵器アリインも、細胞が壊されると細胞外にある酵素によって、辛味成分アリシンを作り出す。タマネギを切ると涙が出るのは、アリシンが揮発しているためなのだ。ワサビやタマネギは緊急時に防御物質を瞬時に作り出して、敵を攻撃するのである。

多くの植物が工夫の限りを尽くして、さまざまな化学兵器をそれぞれ作り上げている。植物にとって昆虫の攻撃はそれだけ脅威なのである。

毒の限界

ところが、毒を利用することには限界がある。毒殺が効果を示すのは、それが敵の虚《きよ》を突く奇襲だからなのだ。いつもいつも同じ毒で同じように毒殺を謀《はか》っているだけならば、敵にも当然、対応策を練り上げられてしまう。

世に盗人《ぬすつと》の種は尽きまじ。植物はこんなにも苦労して身を守っているにもかかわらず、平気で葉っぱを食べる害虫が必ず出現するのだ。例えば毒を分解する機能を身につけた昆虫は、植物の作り上げた化学物質をいとも簡単に解毒して食べてしまうのである。人間にも毒性のあるタバコや人間も涙するほどの辛味を持つワサビでさえ、平気で食べてしまう害虫がいるのだ。

さらには、毒食らわば皿までと言わんばかりの昆虫も登場した。

頭はサル、胴はタヌキ、四肢はトラ、尾はヘビという奇怪な姿をした鵺《ぬえ》という空想上の妖怪がいる。この妖怪は毒蛇を食べて、体内に毒をためている。そのため、鵺の肉を食べた者は死に至ると言い伝えられているのだ。ところが昆虫の中には、この恐ろしい化け物さながらのものも存在するのである。

ジャコウアゲハの幼虫はウマノスズクサという毒草を餌にしている。ウマノスズクサの毒はもちろん、虫の食害から身を守るためのものである。ところが、ジャコウアゲハの幼虫は平気でウマノスズクサをたいらげる。それどころか、ジャコウアゲハの幼虫は毒を分解するわけでもなく、ウマノスズクサの毒を体内に蓄えてしまうのである。こうしてジャコウアゲハは、毒を手に入れた。こうなると頼みの綱の鳥もジャコウアゲハの幼虫には手が出せない。毒で身を守ったはずのウマノスズクサの葉の上は、ジャコウアゲハの天国になってしまったのだ。苦労して身につけた毒を横取りされたあげく、食われ続けているウマノスズクサの心中《しんちゅう》はいかばかりだろう。

ジャコウアゲハと同じように、植物の毒を体内に蓄えて自らの身を守っている昆虫は珍しくない。それらの昆虫は、自らの体を毒々しく目立たせている。食べられるものなら食べてみなさい、とばかりに自分が危険な毒を持っていることをアピールしているのである。なんともいまいましい限りである。

昆虫の食欲をなくす物質

せっかく苦労して作った毒成分が効かないばかりか利用されてしまってはかなわない。そこで、植物は毒以外にもさまざまな作用の化学成分を作り上げ、昆虫に対抗している。

一つには、食欲を減退させる物質がある。昆虫も、おそらく腹がもたれるという感じになるのだろうか、あんなにむしゃむしゃ食べ散らかしていたイモムシの食欲はみるみる減退し、葉っぱを食べなくなってしまうのである。ダイエット中の人にはなんともうらやましい物質だが、昆虫にとっては大変だ。なにしろ幼虫は食べるのが仕事である。

渋柿やお茶の渋味の元となるタンニンも、昆虫の食欲を減退させる物質の一つである。タンニンは低コストで生産できる化学物質なので、多くの植物がこれを利用して

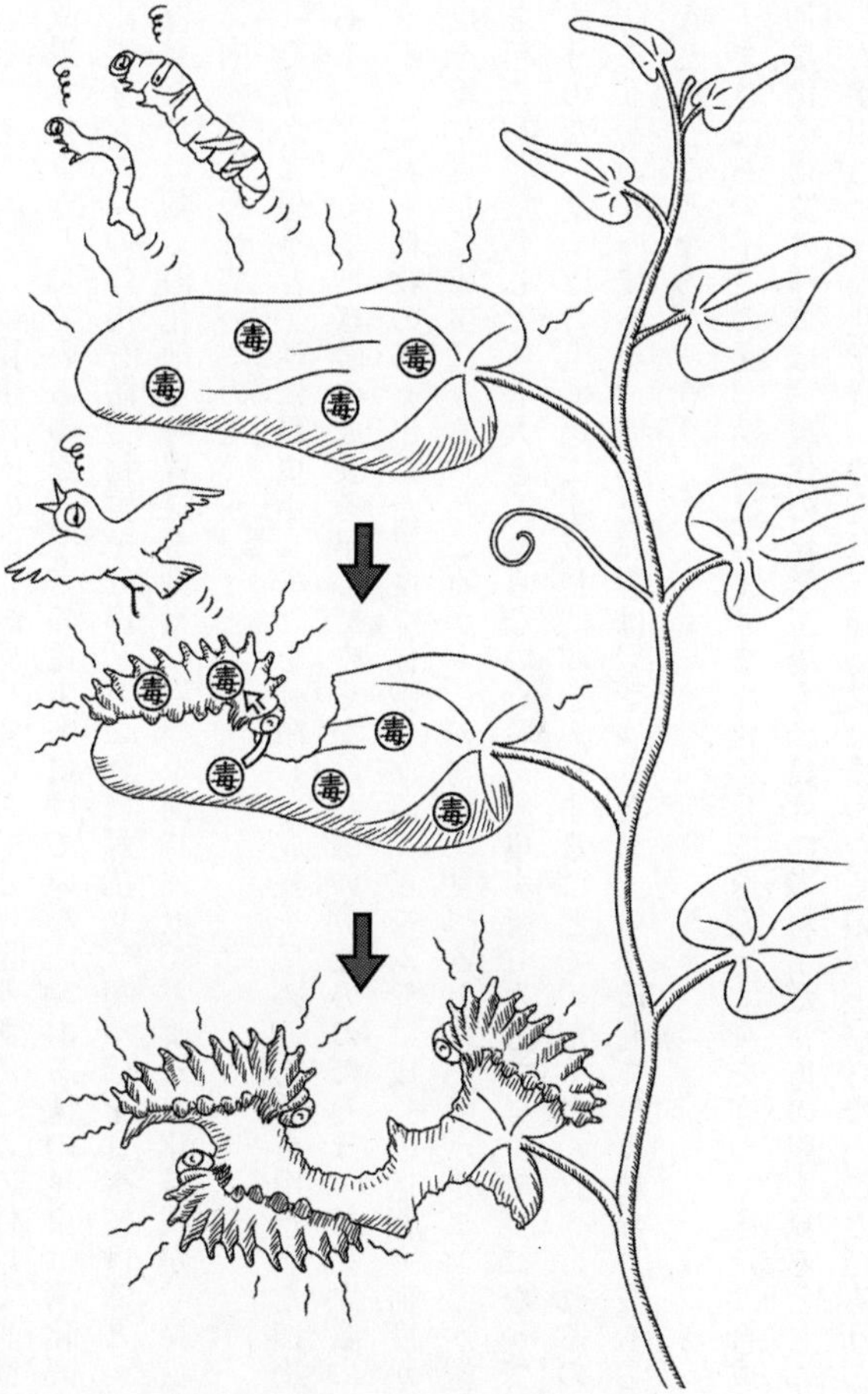

ジャコウアゲハの幼虫とウマノスズクサ

いる。タンニンには昆虫体内の消化酵素を変性させる作用がある。この作用で食欲を減退させようとしているのだ。一方の昆虫も負けていない。ある種の昆虫は消化酵素中にタンニンの作用を防ぐ物質を分泌してこれに対抗し、葉っぱを食べ続けるという。胃もたれに効く消化剤と、胃酸を抑える胃薬を同時に飲んだような化学戦が、昆虫の体内では行われているのだ。

そうかと思うと、逆に昆虫ホルモンを刺激し、成長を早める物質を用意した植物もある。どうして憎き敵の成長を早めてやらなければいけないのだろう、と不思議に思うが、これも植物の考え出した高度な作戦である。イモムシは成長の過程で何度か脱皮を繰り返して成虫になる。ところが、この物質を食べると体内のホルモン系が撹乱《かくらん》を起こし、たいして体も大きくならないうちに脱皮を繰り返して早く成虫になってしまうのだ。葉っぱの上で過ごす成長期間を短くすることで、たくさん食べられるのを防ごうというのである。いやなお客は、さっさとお土産を渡して早々に帰ってもらおうということなのだろう。

まさにあの手この手、植物はさまざまな化学兵器を備えて身を守ってきた。合成される化学物質の種類は、現代の化学工場も顔負けの多彩さだ。亀の甲を見るとじんましんが出るような化学嫌いの人は、植物にはまったく頭が上がらないことだろう。

植物のSOS信号

　虫に葉っぱを食われた植物は、まだ食べられていない健全な葉っぱからボラタイルと呼ばれる揮発物質を発生させることが知られている。ボラタイルはテルペンなど病害虫に対抗するための物質で構成されている。しかし、植物を常の餌とする昆虫にとって、それは屁《へ》のつっぱりにもならないのだ。

　食われゆく植物から発せられる揮発物質は、まるでSOSの信号のようでもある。「助けてくれ〜」。悲鳴にも似た揮発物質の発生にも、動けないまわりの植物はどうすることもできない。ただ、傍観するしかないのだ。

　ただし、ボラタイルの信号をキャッチしたまわりの植物がとる行動がある。助けるどころか、あわてて自分を守る防御物質を作り出すのである。いかに助けを求められても、しょせんは対岸の火事。それよりはわが身の安全のほうがずっと大切なのだ。そのためには、迫りくる昆虫に対する防御を整えなければならない。薄情に思われるかもしれないが、誰だって自分の身がかわいいのだ。

　この現象、おもしろいことに被害にあった植物と別の種類の植物たちも、同じようにいそいそと防御態勢を整えだすという。被害者が種類の違う植物だったとしても、いつその大敵が自分の身を襲ってくるとも限らないのだ。

植物にとってのヒーロー

「助けてくれ〜」という叫びもむなしく、好き放題食べられていく植物。まわりの植物は自分の身を案じるばかりで、まったく助けてくれそうな気配はない。もはや、これまでなのか。薄れゆく意識の中で、植物が絶望の淵《ふち》に落ちかけたそのとき、一筋の希望の光が植物に射《さ》し込む。満を持して、ヒーローの登場である。

いよいよドラマもクライマックス。怪獣との戦いではウルトラマンが、スーパー戦隊であれば巨大なロボットが現れる。TVの刑事ドラマであれば、けたたましいサイレンと共にたくさんのパトカーが駆けつけるといったところだろうか。

植物にとってもついにヒーローが現れた。例えばトウモロコシでは、助けを求める声を聞きつけてイモムシの天敵である寄生バチがやってくる。植物の出したボラタイルを感知した寄生バチがトウモロコシを助けるべく、駆けつけたのである。寄生バチにかかってはイモムシなどひとたまりもない。寄生バチはあざやかにイモムシを捕まえるとすばやく卵を産みつける。まもなく卵から孵《かえ》ったハチの幼虫たちがイモムシを食い殺すだろう。傍若無人の限りを尽くしたイモムシも、それで一巻の終わりである。

「ありがとうハチさん、あなたがたのおかげで平和を取り戻すことができました」

トウモロコシが礼を言うまもなく、さっそうと去っていく寄生バチ。なんとかっこいいヒーローだろう。

もちろん、寄生バチは植物を助けるために駆けつけるわけではない。寄生バチにとって、どこにいるかわからないイモムシを探すことは簡単ではない。そこで、植物から発せられたボラタイルで餌のイモムシの存在を効率的に知ろうとしているだけのことだ。しかし結果的に、植物から出たSOSサインで正義の味方が駆けつける仕組みになっている。なんともうまくできているものだ。

自分の命を投げ出してまで、誰かのために戦うヒーローなんてあり得ない。植物の世界にはそんな虫のいい話はないのである。

アリをめぐる植物の暮らし

昆虫界最強のムシ

以前子どもたちの間では、昆虫がバトルを繰り広げる「ムシキング」と呼ばれるゲームが大人気であった。メカニックな姿をしたカブトムシやクワガタムシの勇姿は、今も昔も子どもたちを夢中にさせる。ヘラクレスオオカブトムシやオオクワガタなど、見るからに強そうな昆虫たちが画面の中で力のこもったバトルを繰り広げるのだから、子どもたちにとってはたまらないだろう。

ゲームの世界はさておき、昆虫界で最強の昆虫と言ったらなんだろうか？　力持ちのカブトムシだろうか。尖《とが》った牙を持つクワガタだろうか？　それとも、人さえも殺してしまう針を持ったスズメバチだろうか？

いずれ劣らぬ強そうな昆虫たちだが、残念ながら彼らは最強の昆虫ではない。真の王者は別にいるのだ。昆虫の世界でもっとも恐れられている虫はなにか。意外なことにその答えはアリである。たかが蟻《あり》んこと人間はバカにするが、アリこそが昆虫なら誰もが恐れる史上最強のムシキングなのである。

なにしろアリの強さは他に抜きん出ている。人間を震え上がらせるアシナガバチやスズメバチでさえ、アリにはかなわないのだ。多くのハチが中空にぶら下がった巣を作る理由は、アリに襲われるのを恐れてのことだと言われている。さらにハチの巣の付け根にはアリの忌避物質が塗られているというから、ハチは相当に恐れをなしているのだろう。

群れをなして行進する軍隊アリも有名である。餌を求めてさまよい歩く軍隊アリが通った後は、食糧はすべて食い尽くされ、家畜さえ食べられて骨にされてしまうほどである。軍隊アリの行進の前には、人間さえも避難することしかできないのだ。

なにしろアリは集団で襲ってくるからたまらない。ムシキングのゲームで威張っているカブトムシやクワガタムシも、アリに攻撃されてはひとたまりもないことだろう。アリこそが、まさに最強の昆虫なのである。

アリを用心棒にする植物

植物界には、そんなアリをボディガードに雇っているものがある。なにしろ昆虫の中には、植物を食べようと狙う悪い輩《やから》が多いのだ。

「こんなこともあろうかと、用心棒を雇わせてもらったよ。先生、お願いします」

と植物が言っているのかどうかは知らないが、植物に害虫が寄りつこうとすると、アリがやってきて追っ払ってくれるのである。

もちろん、アリもタダでは働かない。植物が出す蜜といえば花の蜜が一般的だが、アリを雇った植物は、葉の付け根など花以外の場所に「花外蜜腺《かがいみっせん》」と呼ばれる蜜腺を持っている。この蜜がアリに餌として与えられるのだ。花外蜜腺はなにも特別な植物が持つ仕組みではない。ソラマメやサクラ、アカメガシワ、イタドリ、サツマイモなど誰もがよく知っている身近な植物も、よく見ると葉の付け根などに蜜腺があってアリが集まっている。種類は違えど、どの植物もアリを雇い入れようと懸命なのだ。

もっともアリにしてみれば、植物を守ってやるという気持ちはさらさらないだろう。ただ、アリは旨《うま》みのある餌場を守ろうと、昆虫を追い払うだけである。まさに金で雇われた用心棒なのだ。

種子をアリに運ばせる戦略

アリに守ってもらうのは、茎や葉だけにとどまらない。植物にとって大切な種子をアリに託す植物もある。その一例はカタクリである。森の中の種子は常に危険にさらされている。ネズミやナメクジが地面に落ちた種子を食べようといつも狙っているからだ。

親元を離れたか弱きカタクリの種子が、今まさに迫りくる暴徒に襲われようとしている。そこに登場したのが誰あらん、一匹のアリである。アリはカタクリの種子を口にくわえると、その場を離れ、安全な自分の巣に種子を連れ帰ってくれたのである。危機一髪のところを救われた小さな命。「アリさん、助けてくれてありがとう」とカタクリの種子が健気にお礼を言っているかどうかは知らないが、内心はきっとほくそ笑んでいることだろう。実は、すべてはカタクリの計算どおりなのだ。

カタクリの種子には「エライオソーム」というアリの好物のゼリー状の物質が付着している。アリはこの餌を目当てにカタクリの種子を巣に運び込んだのだ。餌を運んできたつもりが、いっしょに種子までついてきた、というのがアリの偽らざる感想だろう。その行動は「おまけ」欲しさにいらないお菓子を買ってしまった子どもとたいして変わりはない。もっとも、アリだってエライオソームという十分な報酬をもらっているから、カタクリの種子を運んだことを後悔はしていないだろう。

こうしてカタクリのしたたかな作戦がまんまと成功した。しかし、問題はある。確かにアリの巣の中は安全だ。とはいえ、アリの巣の中で、種子は芽を出すことができるのだろうか。もちろん、心配はいらない。エライオソームを食べ終わったアリは、もはやゴミとなった種子を捨てるために、巣の外へ再び運び出してくれるのだ。巣の外へ出ても、アリの巣のそばであれば、たくさんのアリが行き来しているから、外敵も容易には近づけない。

さらに、カタクリにとってアリに運ばれるメリットは、外敵から守ってもらったことだけにとどまらない。タンポポが綿毛で種を飛ばすように、植物の種子は遠くへ散布されるためにさまざまな工夫をしている。カタクリの種子もまた、種子を運んで捨てるというアリの行動によって難なく、遠くへと散布されるのである。さらにアリのごみ捨て場所には、他に植物の食べかすなども捨てられているから、水分も栄養分も豊富に保たれているおまけつきだ。まさにいいことずくめである。

カタクリだけでなく、スミレやホトケノザ、ムラサキケマンなど身近な植物の中にもエライオソームによって種子をアリに運ばせる植物は数多い。アリはそれだけ頼りにされているのである。

栄養素を与えるアリ植物

敵なしの強さ。見事な働きっぷり。植物から見れば、アリは惚《ほ》れ惚《ぼ》れするような羨望の的である。こうなると、アリを味方につけない手はない。

「なんとしてもアリを味方に引き入れろ。金はいくらかかっても構わん。彼らが要求するものはすべて用意してやれ」

とばかりに鼻息が荒くなる植物も現れた。なんとアリを懐柔《かいじゅう》するために、一族が住まう家屋敷とすべての食べ物を提供しようという気っぷのいい植物があるのである。

アリ植物と呼ばれるこれらの植物は、枝の中に空間を作りアリを住まわせる。そして、蜜などの糖分ばかりか、たんぱく質や脂質などすべての栄養素をアリに与えているのである。生活に必要なものはすべてそろえているのだ。だから、アリは穴を掘って巣を作ったり、遠くまで餌を探しにいかなくても、この木の上だけで過ごすことができる。その代わりにアリたちは、木の葉を食べようとする毛虫などの昆虫から、植物を守るのである。

日本のような温帯地域では、アリは地上で冬越しすることができないため、どうしても穴を掘って巣を作らざるを得ない。そのため、さすがに家で釣ろうという植物は現れなかった。しかし、冬越しの心配がない熱帯地方では、さまざまな種類の植物がよく似たシステムでアリと共生する進化を遂げている。それにしても熱帯のアリはなんとも義理堅い。主君である植物に近づいたものがたとえ強大な人間であっても、アリが構わず牙をむき襲いかかるという。なんとも頼もしいボディガードである。

それだけではない。まわりに生える他の植物の芽生えや幹に絡みついたつるを噛み切って取り除いたり、邪魔になるまわりの植物の葉を噛み切って、日当たりを良くしてくれることもあるらしい。植物にとっては至れり尽くせり。いかにも働き者のアリらしい、細かな心遣いだ。植物にとってはなんともありがたい存在ではないか。

もっとも、アリにとっては家の前の落ち葉を掃いたり、公園の芝生を刈ったりして、「自分たちの住んでいる場所をもっと暮らしよくしよう」という自治会活動のつもりなのかもしれない。しかし、結果的に植物は他の植物に邪魔されることなく、すくすくと育つことができるのだ。

裏切りもアリ、です

美しきアリと植物のパートナーシップ。しかし、世の中そんなに甘くはない。世界が二人のためだけにあれば問題はないが、世の中には星の数ほどの男と女がいるから、浮気したり、横恋慕《よこれんぼ》されたり、周囲の反対があったりして、恋が成就しないこともままある。

アリと植物の関係にもときどき邪魔が入る。魅力的なアリをモノにしたいのは、なにも植物だけではないのだ。しかもアリと植物は、友情も愛情もない損得勘定だけの打算的な関係である。地獄の沙汰《さた》も金次第。金で雇われた用心棒は、金次第で簡単に裏切りもするのである。

まず、アリと植物の仲を割って入ったのがアブラムシである。アブラムシは植物の汁を吸い、ときには病気を媒介する厄介な大害虫である。本来なら、アリが追い払わなければならないはずの相手だ。ところが、アブラムシは見事にアリを寝返らせた。彼らは、植物の出す蜜よりもさらに魅力的な甘露《かんろ》をお尻から出して、アリを誘惑したのである。そして、この甘い蜜に魅せられたアリは、あろうことか植物の害虫であるアブラムシを守る用心棒を買って出たのだ。

アブラムシを食べる天敵昆虫がやってくると、アリがやってきて追い払う。アブラムシはアリに守られながら悠々と植物の汁を吸い続けるのだ。植物にとってはなんともやりきれない現実だろう。自分を守っていたはずのアリが、今度は自分を侵すアブラムシを守っているのである。

アリを寝返らせるのは、よほど効果的なのだろう。コナジラミ、カイガラムシ、ツノゼミなど多くの害虫が、アブラムシと同じように甘露を出して見事にアリを懐柔している。

複雑な共生関係

植物とアリとアブラムシ。この三角関係でも十分にややこしいのに、このドラマにはさらに新たな登場人物が現れる。アブラムシに寄生する寄生バチである。寄生バチはアブラムシに卵を産みつけて、幼虫がアブラムシを食い殺す。アブラムシは植物の敵だから、敵の敵は味方。つまり寄生バチは植物にとっては心強い味方なのだ。しかし、今やアブラムシの用心棒に寝返ったアリは、アブラムシの天敵の寄生バチを追い払おうとする。寄生バチにとってはなんとも厄介な敵なのだ。

植物とアリとアブラムシと寄生バチ。登場人物の関係はかなり複雑だが、ここでさらに新しい登場人物が現れる。なんと寄生バチの幼虫にさらに寄生する寄生バチまで登場するのである。この寄生バチは植物の敵の敵の敵の関係だから、植物にとって正義の味方を食べてしまう敵である。もちろん、アリは敵味方の区別なく、やってくる寄生バチの寄生バチを追い払う。アブラムシのお腹《なか》の中に寄生バチの卵が産みつけられているとすると、アリはアブラムシを守ったつもりが、アブラムシを食い殺す寄生バチの卵や幼虫を守ったことになる。こうなると、寄生バチと寄生バチを味方とする植物にとって、アリは役に立っていることになるのだ。話はずいぶんとややこしい。この物語を途中から読んだ人は何が何だかまったくわからないだろう。もっとも、最初から読んでいる読者だって、相当に混乱しているはずだ。

しかし、話のややこしさはとどまるところを知らない。それぞれの思惑が複雑に絡み合い、物語はさらに泥沼化していくのだ。アブラムシが甘露でアリを雇っている。今のところ、唯一、それだけが揺るぎのない事実であるはずだった。ところが、植物がうらやむアリとアブラムシの関係も相当に危ういのだ。

いったい、誰が得なのか？

用心棒に雇われているといっても、実はアリから見ればアブラムシは、甘露を出してくれる餌でしかない。よりたくさんの甘露を出す他の種類のアブラムシがやってきたらどうだろう。「もうお前に用はない」とばかりに、アリは働きの悪いアブラムシを食い殺してしまうのだ。アブラムシにしてみれば、とんでもない用心棒を雇ってしまったものだ。これではアブラムシはアリの雇い主どころか、奴隷以下である。アブラムシはアリが怖いから、身を粉にして甘露を出し続けなければならないのだ。

しかし、たとえ甘露をたくさん出していても安心はできない。アブラムシが増えて糖分が十分足りるようになると、アリはたんぱく質を補うために、やっぱりアブラムシを食い殺してしまうのだ。

しょせんは金で雇われた身。義理も恩義もないから、金の切れ目が縁の切れ目なのだ。なんとも気難しく扱いにくい用心棒である。アリはあらゆる昆虫を餌にしている。彼らの本性は血に飢えた残虐な殺し屋なのだ。しかし、それでもアリに逆らうものは誰もいない。なにしろアリは最強の昆虫なのである。

一方、これまでいがみあったアブラムシと植物も敵同士か、といえば必ずしもそうではない。アブラムシはアリを効率よく呼んでくれる存在だ。たとえアブラムシが目当てだとしても、アリさえいてくれれば植物に寄ってくる他の害虫は追い払ってもらえる。こう考えると、アブラムシがいることもそう悪くないのだ。だからアリのためにわざわざ蜜を出すことはせず、アリとアブラムシのために喜んで場所を開放している植物もあるという。

昨日の友は今日の敵、謀《はか》ったつもりが謀られる。いったい誰が得をしているのか、まったくわからない。状況は当分、収束しそうにもない。行き当たりばったりで物語を展開してしまった昼ドラに負けず劣らず、かなり複雑な関係だ。このドラマにすっきりとした結末はあるのだろうか。

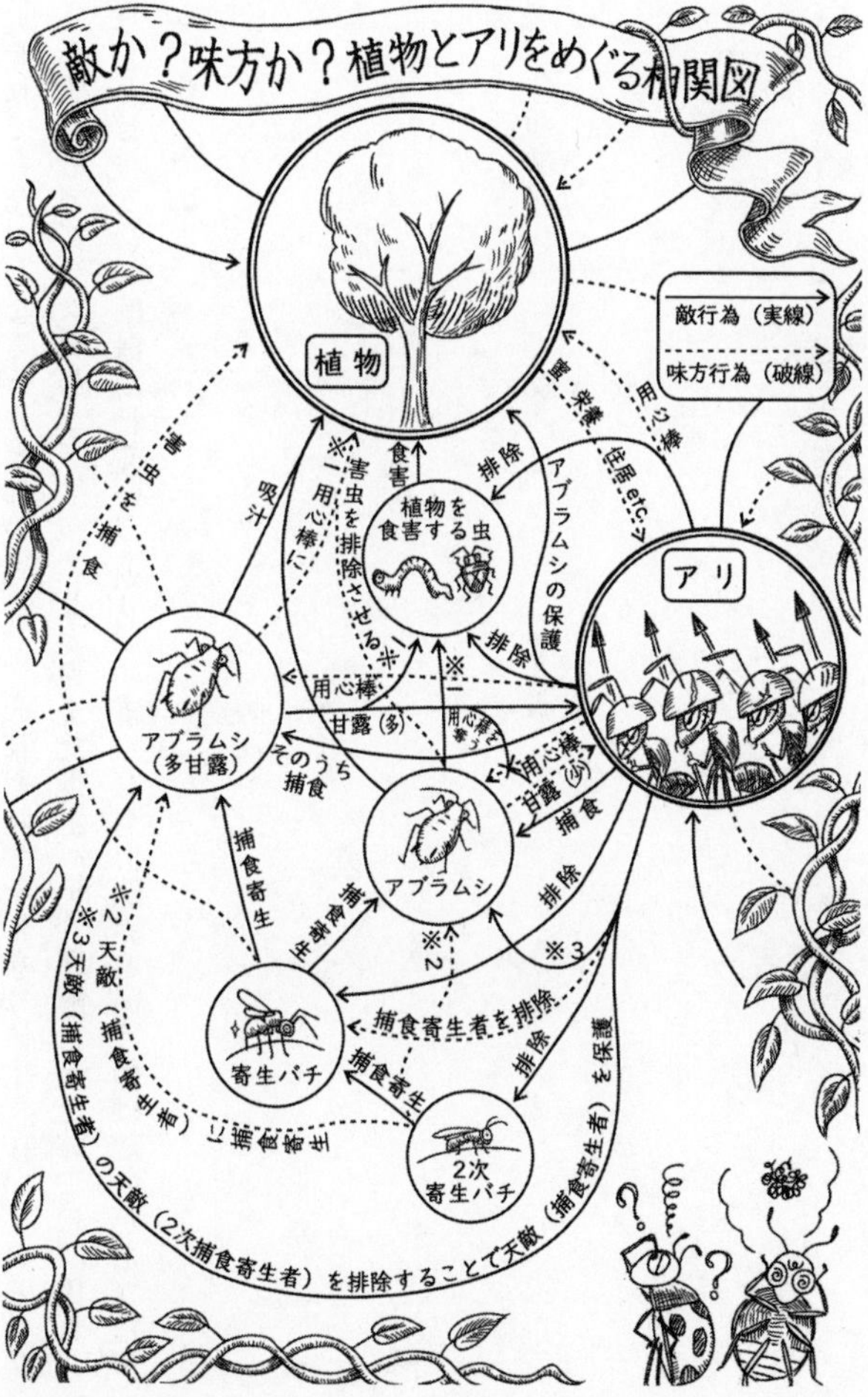
敵か？味方か？植物とアリをめぐる相関図
植物
アリ
敵行為（実線）
味方行為（破線）
植物を食害する虫
アブラムシ（多甘露）
アブラムシ
寄生バチ
2次寄生バチ
害虫を捕食
吸汁
※1用心棒に害虫を排除させる※1
食害
排除
実・栄養・住居 etc.
用心棒
アブラムシの保護
排除
※2
用心棒
甘露（多）
用心棒を雇う
そのうち捕食
用心棒
甘露（少）
捕食
排除
※3
捕食寄生
捕食寄生
※2
捕食寄生者を排除
排除
捕食寄生
※2 天敵（捕食寄生者）に捕食寄生
※3 天敵（捕食寄生者）の天敵（2次捕食寄生者）を排除することで天敵（捕食寄生者）を排除

それでもなんとなくそれぞれの思惑で、それぞれがそれなりに生き抜いている。アリと植物とアブラムシと、寄生バチとそのまた寄生バチ。理解しがたいこの関係も、ちゃんとバランスは保たれているようだ。まったく自然界というのはたいしたプロデューサーである。

植物の体内に同居する共生菌

悪の陰謀

巨悪な組織が開発した新型の菌。この菌に感染した人々は脳をあやつられ、悪の組織に命ぜられるままに正義のヒーローに襲いかかる。

「どうだ、市民には手が出せまい」

ヒーローの大ピンチ。しかし、ヒーローは一瞬の必殺技で菌の親玉を倒し、菌の支配から人々を解き放った。

「大丈夫か」

駆け寄るヒーローに目を覚ました人々はキョトンとして言う。

「私……いったいなにをしていたのかしら」

「菌にあやつられていたんだ。しかし、もう大丈夫だ」

ヒーローの活躍によって街に再び平和が訪れる。

テレビのヒーロー番組では定番のストーリーだ。しょせんは子ども向けのお話。なにかにあやつられて悪者になってしまうなんて、なんとも安易な設定だ。

しかし、自然界に目を向けてみると、あながち子どもだましのお話では片付けられないようだ。

自ら鳥に食われるカタツムリ

レウコクロリディウムという寄生虫に寄生されたある種のカタツムリは実に奇妙な行動をとる。カタツムリは、ふだんは湿った日陰で暮らしている。ところが、寄生されたカタツムリはあろうことか日当たりの良い葉の上に移動するのだ。

催眠術などであやつられている人は、目を見ると正気でないとわかることがあるが、寄生されたカタツムリも目を見ればあやつられていることは一目瞭然である。なにしろカタツムリの突き出た目は先端が異常に膨れ上がり、奇妙な縞《しま》模様が動いているのだ。ホラー映画でも見られないような気味の悪い目である。この目の中で動きまわっている縞模様の物体こそが、カタツムリをあやつる寄生虫である。寄生虫はカタツムリの目の中を動き回りながら、縞模様を目立たせ、鳥を呼び寄せるのだ。

寄生虫が鳥を呼び寄せるのにはわけがある。実は、このレウコクロリディウムはもともと鳥の寄生虫なのである。鳥の体内で寄生虫の産んだ卵は鳥の糞《ふん》といっしょに体外に出される。そして、カタツムリが餌を食べるときに、いっしょにカタツムリの口に入り、体内に侵入するのである。人間のお母さんなら、「だから食べる前に手を洗いなさい、って言ったでしょ」と怒るところだろうが、残念ながらカタツムリに手はない。

さて、まんまとカタツムリの体内に侵入した寄生虫には、最後に難問が残っている。それが、カタツムリの体内から鳥の体内への移動なのである。

これですべてが納得できただろう。まるで食べてほしいかのように葉の上に移動したカタツムリの異常な行動は、寄生虫が鳥の体内に移動するためだったのである。こうしてカタツムリといっしょに食べられて寄生虫は無事、鳥の体内に戻ることができる。むろん、カタツムリの命と引き換えに、である。カタツムリはあやつられていたのだ。なんとも恐ろしい話である。

植物に感染する毒

もちろん体内に住む寄生者が影響を与える例は、植物にも存在する。

新約聖書「マタイ伝」にドクムギという植物の話が登場する。ドクムギは麦畑の深刻な雑草である。「毒麦」の名のとおり、家畜や人間が誤って食べると中毒を起こしてしまうのだ。マタイ伝によれば、人々の眠っている間に悪魔が畑にドクムギの種をまいてしまうのだという。

古来より有毒植物として知られ、人々を苦しめてきたドクムギ。ところがよくよく調べてみると、本来はドクムギも有毒ではないらしい。それならば、なぜドクムギを食べると中毒を起こすと古くから言われているのだろうか。

実は植物の体内にエンドファイトと呼ばれる菌が潜んでいて、このエンドファイトがせっせと毒素を作り出しているのだという。こうしてドクムギはエンドファイトによって恐ろしい植物に仕立てられてしまったのである。

エンドファイトはもうずいぶんと昔から、ドクムギの体内に住みついていた。エンドファイトは種子にも感染するので、一度感染すると子々孫々に至るまでエンドファイトの感染を受け続けることになるのだ。

エンドファイトとドクムギの共生の歴史は古く、古代エジプトのファラオの墓から発見されたドクムギの種子はすでにエンドファイトが感染していたという。

しかし、ドクムギはけっして特殊な事例ではない。エンドファイトはさまざまな植物に感染している。牧草にも感染して植物体内で毒素を作り出すので、家畜の中毒の原因となり問題を引き起こすこともあるのだ。

スーパー植物へ変身

ところが、である。ゴルフ場などで使われているシバのほとんどには、わざわざエンドファイトを感染させてあるという。そんな危険なエンドファイトを感染させて大丈夫なのだろうか。

エンドファイトにもさまざまな種類がある。なかには毒性ではなく有用な機能を付与するエンドファイトも少なくないのだ。例えば、エンドファイトの感染によって植物が病害虫に対する抵抗性を持つことがある。あるいは乾燥に対して強くなることもある。つまり、エンドファイトの感染のおかげで、感染前よりも能力の高いスーパー植物に変貌するのである。そのため、病害虫や乾燥が問題となるゴルフ場のシバには、エンドファイトを人工的に感染させているのである。

乗っ取ってあやつる寄生虫とは違って、エンドファイトは体の中に入って強靭《きょうじん》な能力を与えてくれるありがたい存在だ。まるで、スパイダーマンがクモに噛まれて超人的な能力を身につけたり、事故死したハヤタ隊員の体内にウルトラマンが命を与えたようなサクセスストーリーなのだ。

われわれも、エンドファイトによって超人的な力を身につけることができたら、なんてすばらしいだろう。突然、英語がペラペラになったり、疲れやストレスも平気でバリバリ仕事をこなすことができるようになるのだ。同僚の驚く顔が目に浮かぶようではないか。「エンドファイト」という名前も、いかにもファイトがわきそうな力強い名前で、なんとなくかっこいい。まるで熱血指導をしてくれる先生のような存在だ。ああ、どうか人間に感染するエンドファイトも見つかってほしいものだ。

ただし、エンドファイトのファイトは戦う意味のファイトではない。植物という意味である。ちなみにエンドは内部という意味なので、エンドファイトは「植物体内の」という意味の造語なのだ。

体内に住みついたエンドファイトが植物にさまざまな能力を授けるのは、なにも植物の夢をかなえるためではない。エンドファイトは植物の体内を生活の場にしている。そのため、自分が暮らしている植物が病気になったり、食べられたり、枯れてしまったりしては自身の生存も危ぶまれる。だから、感染した植物を強くするように働いているのである。そう考えれば、毒性を持つというドクムギに与えられた能力も、動物や人間に食べられないという点では、実に効果的だ。

すべてはエンドファイトの都合のいいように変えられているのである。しかし、植物のほうも不満はないだろう。エンドファイトが寄生しているおかげで、自分の能力も高まり、生き残る可能性は高まったのである。

どうして男と女がいるのか？

実は、植物体内に住むエンドファイトは、他の菌類にはない大きな特徴がある。菌類の生活史は、不完全世代と完全世代という二つの世代に大別される。不完全世代は菌糸などを使って増える方法である。これに対して完全世代は、雄と雌によって子孫を残すように、受精によって有性胞子を作る世代である。

ところが、エンドファイトの中には完全世代を持たないものがいるという。雄と雌の世代がないとはいったいどういう意味があるのだろう。

ラジオの子ども電話相談の番組で四歳の男の子、たかし君がこんな質問をしたのを聞いたことがある。

「どうして、男と女がいるんですか？」

なんと素直で真理をついた質問なのだろう。ところが、専門家の先生たちはみんなしどろもどろだ。はたして、あなたなら四歳の男の子にどんな説明をするだろう。

先生の説明はこうだった。「X染色体とY染色体があるんだけど、染色体ってわかるかな」

もちろん、四歳の子どもに染色体が理解できるはずはない。まるでちんぷんかんぷんな子どもを無理やり納得させて電話を切ろうとしたそのとき、司会のおねえさんが最後にこう語りかけた。

「たかし君は幼稚園で男の子だけで遊ぶのと、女の子といっしょに遊ぶのとどちらが楽しい」

「うーん。女の子といっしょに遊ぶのが楽しい」

「そうでしょ。だから、男の子と女の子がいるんだよ」

見事な回答である。たかし君は納得して電話を切った。けっして子どもだましの答えではない。おねえさんの答えこそ、生物に雌雄がある理由の真理をついたものなのである。

細胞分裂をして増える無性生殖は自分とまったく同じ形質を持つクローンができるだけである。しかし、雄と雌が交わり遺伝子を交換する有性生殖では、親の形質を受け継ぎながらも親とは違うバラエティにとんだ子孫が生まれる。この多様性の創出が有性生殖の利点なのだ。さまざまな形質の子孫を残すことによって、さまざまな環境に適応することができる。さらに、両親よりも優れた個体が生まれることもあるから、進化のスピードを著しく上げることもできるのだ。おねえさんがそこまで考えていたかどうかはともかく、「多様性豊かなほうがいい」という生物の価値観を「楽しい」と表現したのは絶妙だと私は思う。

しかし、必ずしも有性生殖が勝るとは言えないのが難しいところだ。雄と雌が共に子孫を作る有性生殖はなにしろ効率が悪い繁殖方法である。例えば雄と雌が受精して繁殖する生物が雌だけで繁殖できるとしたら、世の中すべてが雌になるからそれだけで繁殖の効率は二倍にあがる。さらに雄と雌が出会うこともけっして簡単ではない。植物は花粉を雌しべに送り届けるために相当の苦労をしているし、動物は雌を奪い合って戦ったりして無駄なエネルギーを使っている。それだけの困難を乗り越えても首尾よく子孫を残せる保証はまるでない。

しかも、仮に子孫を残したとしても、必ずしも親より優れた子どもができるとも限らない。自分が優れた個体なのであれば、他の個体と受精なんかするより、むしろ自分のクローンを作るほうがずっと確実で得策な繁殖方法なのである。

「赤の女王仮説」

しかし、それでも、植物も動物も多くの生き物が雌雄の性別を持ち、有性生殖で繁殖する道を選んでいる。「どうして男と女がいるのか」。四歳のたかし君の疑問は、残念ながら完全に解明されているわけではないのだ。

しかし最近、この謎を解く「赤の女王仮説」と呼ばれる学説が脚光を浴びている。ルイス・キャロルの名作『不思議の国のアリス』の続編『鏡の国のアリス』の中で赤の女王はアリスにこう教える。

「いいこと、ここでは同じ場所にとまっているだけでも、せいいっぱい駆けてなくてはならないんですよ」

こう言われてアリスも赤の女王といっしょに走り出すのだが、まわりの風景はまったく変わらない。まわりのものも、全力で走るアリスと同じスピードで動いていたのである。だから、そこにとどまるためには全力疾走を続けなければいけないのだ。

実は生物の進化もこの話とよく似ている。病原菌から身を守るために植物や動物など宿主となる生物は防御手段を進化させる。一方、病原菌は防御手段を破って感染する方法を進化させる。そこで、宿主となる生物はさらに新しい防御手段を進化させる。宿主と病原菌とはもうずっと長い間こんな争いを続けてきた。進化し続けなければ、生き残れない宿命。まさに進化の道を走り続けているわけだ。

病原菌は突然変異が起こりやすいので比較的変化しやすい。そのため、宿主となる生物も、病原菌から身を守るためには常に防御方法を新しくしていかなければならないのだ。そこで利点を発揮するのが有性生殖である。雄と雌とで子孫を残す有性生殖であれば、必ず親とは違う子孫が作られる。つまり、変化し続けることができるのだ。たとえ親の世代の防御法を破る病原菌が現れたとしても、その子孫はさまざまな新しい防御法を持っているので病原菌の感染を防ぐことができる。

こうなると病原菌も悠然としてはいられない。病原菌も常に変化を続け、進化のスピードをさらに早めなければならないのだ。そのための手段は、もちろん完全世代の有性生殖である。

こうして病原菌と宿主となる生物が変わり続けるために生物は有性生殖を行い、そのために「男」と「女」の存在意義があるというのが「赤の女王仮説」である。

この仮説が正しいかどうかは今後のさらなる研究を待たなければならない。しかし、病原菌と宿主となる生物が、長い間ひたすら走り続けてきたことは間違いない事実である。

赤の女王の呪縛を解く

エンドファイトも、もともとは植物の病原菌だったと言われている。もちろん、エンドファイトの祖先も植物に感染し生き残るために、走り続けることを強いられていたことだろう。そして、有性生殖を行う完全世代を持っていたはずである。

前述の『鏡の国のアリス』でアリスは赤の女王にこう言い返す。「私はそんなに走りたいとは思いません」。アリスの言葉に目が覚めたのか、ある種のエンドファイトもまた、走ることをやめた。そして病原菌から足を洗い、植物の体内で植物と共に生きる道を選んだのである。もはや、植物と進化を競う必要はない。かくして、このエンドファイトは完全世代を捨て、効率の良い無性生殖だけで生きられるようになったのではないか、と考えられている。

宿主となる生物が防御手段を発達させ、病原菌はそれを破る方法を身につける。そして、また宿主は新たな防御手段で身を守る。いたちごっこの進化競争は、人類の軍拡競争にたとえられることもある。宿主も病原菌も進化をしたからといって、なにかが変わるわけではない。生き残るために、そこにとどまるために走り続けているだけのことである。まさにお互いが核ミサイルを増やし続ける無益な軍拡競争さながらである。

しかし、エンドファイトは走ることをやめた。終わることなきむなしい争いに終止符を打ったのである。赤の女王の呪縛を解いた勇気ある決断と言えるだろう。そして、結果的に植物と共に生き、共に成功する共生関係を構築したのである。

エンドファイト。偶然とはいえ、その名はまさに「ファイト（戦い）」の「エンド（終わり）」の言葉が隠されている。

省みて、私たち人類の軍拡競争はどうだろう。終わりなき争いは、いつまで続くというのだろう。そして私たちは、本当にこのまま走り続けるよりほかないのだろうか。

マメの根に住みつく根粒菌

エダマメの中の宇宙

仕事後の一杯といえば、「とりあえずビール」。ビアガーデンの生ビールや、風呂上がりの缶ビールはたまらない。そして、ビールのつまみに欠かせないのが、なにはなくともエダマメだろう。

エダマメとビールの相性はバッチリである。エダマメはアルコールの分解を助け、肝臓の負担を軽くする働きを持つビタミンCやビタミンB_1、アミノ酸のメチオニンなどの成分を多く含んでいるので、ビールのつまみにエダマメを食べるのは、理にもかなっているのだ。

エダマメは「枝豆」の名のとおり、枝についたまま売られていることが多い。エンドウやインゲンマメなど他の豆類が莢《さや》で収穫されて売られているのに、エダマメだけは株のまま収穫されて、そのまま売られている。もっとも最近では、莢だけ取り外してネット袋に詰められて売られることも多くなったようだが、エダマメの莢を枝から取り外すと、食味が一気に低下してしまうという。やはりエダマメは昔ながらの枝つきに限るのだ。

さて物語は、エダマメの根の話である。エダマメは株ごと売られているので根を観察するのに都合がいい。エダマメの根をよく見てみると、数ミリの大きさの丸いコブのようなものがたくさんついていることに気がつくだろう。一見すると根の病気のようにも思えるがそうではない。実はこのコブは根粒《こんりゅう》と呼ばれていて、中に根粒菌というバクテリアが住んでいるのである。なんとこの一粒の根粒の中に一〇〇億個もの根粒菌が住んでいるというから驚きだ。この小さな根粒一つの中に地球の人口より多くの菌が住んでいるのである。

ウルトラマンに登場するバルタン星人は、移住先を求めて二〇億三〇〇〇万人のバルタン星人が宇宙船で旅をしているという設定だった。SFとは言え、なんともバカらしいと子どもながらに思ったが、そんなことはない。宇宙のバルタン星人よりもすごいことがエダマメの根っこの片隅で起こっているのだ。

この根粒はエダマメだけでなく、マメ科の植物に広く見ることができる。野外でレンゲやシロツメクサ、カラスノエンドウなどマメ科の植物の根を掘りとってみると、エダマメと同じように根粒がついている。

根粒菌はこうして根粒に住まいを借りて、マメ科植物の体内に居候しているのである。大切な根の中にこんなにたくさんのバクテリアに住まわれては、植物もいかにも迷惑だろうと心配してしまうが、マメ科植物もまんざらではないようだ。根粒菌は植物にとっても実にありがたい存在なのである。

特殊能力を持つ根粒菌

漫画の主人公キューティー・ハニーは、見かけは普通の女の子だが、その正体は空中元素固定装置を組み込まれたアンドロイドである。キューティー・ハニーは空気中の元素から衣服を作り出し、あらゆる衣装に変身する能力を持っている。それまで着ていた衣服を空中に放出し、大気中の元素から作り出した衣服を一瞬のうちに身にまとい早変わりを遂げる。そのお色気たっぷりの変身シーンに心躍らせた少年時代を思い出に持っているのは私だけではあるまい。

この変身能力を駆使して、キューティー・ハニーは、空中元素固定装置をわがものにしようとたくらむ悪の組織と戦いを繰り広げるというのが漫画のストーリーである。リメイク版も放送されているので、そちらをご存じの方もいるだろう。

空想マンガに登場した空中元素固定装置という夢のシステム。ところが、マメ科植物はこの空中元素固定装置を現実に手に入れることに成功した。それこそが根粒菌なのである。

実は根粒菌は、空気中の窒素を取り込むという特殊な能力を持っているのだ。窒素は植物の成長には欠かせない元素である。ふつうの植物は土の中にある窒素分を吸収して利用しているが、土の中に窒素が常に豊富にあるとは限らない。

一方、窒素は地球の大気の七八パーセントを占めている主成分である。空気中の窒素を吸収することができれば、無尽蔵にある窒素資源を利用できるようになるのだ。マメ科植物は、すべての植物がうらやむその夢を実現した。つまり、根粒菌を体内に住まわせることによって、大気の主成分である窒素を獲得することを可能にしたのである。

マメと根粒菌の出会い

マメ科植物は成長の過程で根粒菌を根に住まわせる。マメ科植物と根粒菌の最初の出会いは感動的である。

根粒菌はマメ科植物が根から出すフラボノイドという物質を頼りに、根毛の先端にたどりつく。「ごめんくださいどなたかいませんか」。まるでそう挨拶するかのように、根粒菌は、植物に対してある種の物質を出す。すると、この根粒菌からの挨拶を認識したマメ科植物の根は、あたかも根粒菌を温かく迎え入れるかのように丸く変形して根粒菌を包み込むのである。やがて根粒菌は、細胞分裂を繰り返しながら、根の奥へと進入していく。

このとき、不思議な現象が起こる。植物の細胞が根粒菌を導くかのように根の中に筒状の通り道を作っていくのだ。まさに、要人を迎える赤じゅうたんのようである。沿道の植物細胞の喝采が聞こえてくるようだ。根粒菌が進む根毛の根元でも歓迎の準備が始まっている。植物の細胞が分裂を始め、根粒菌が滞在するための部屋となる根粒を作る準備をするのである。そして、根粒菌が到着すると大広間とも言うべきコブ状の根粒を作り上げ、根粒菌はその中で存分に増殖して、窒素固定を始めるのである。一般に植物の根毛は水分や栄養分を吸収するためのものである。ところが、マメ科植物の場合は、根粒菌を迎え入れるためにも使われている。なんというていねいな歓迎ぶりだろう。

やせた土地でも育つ豆類

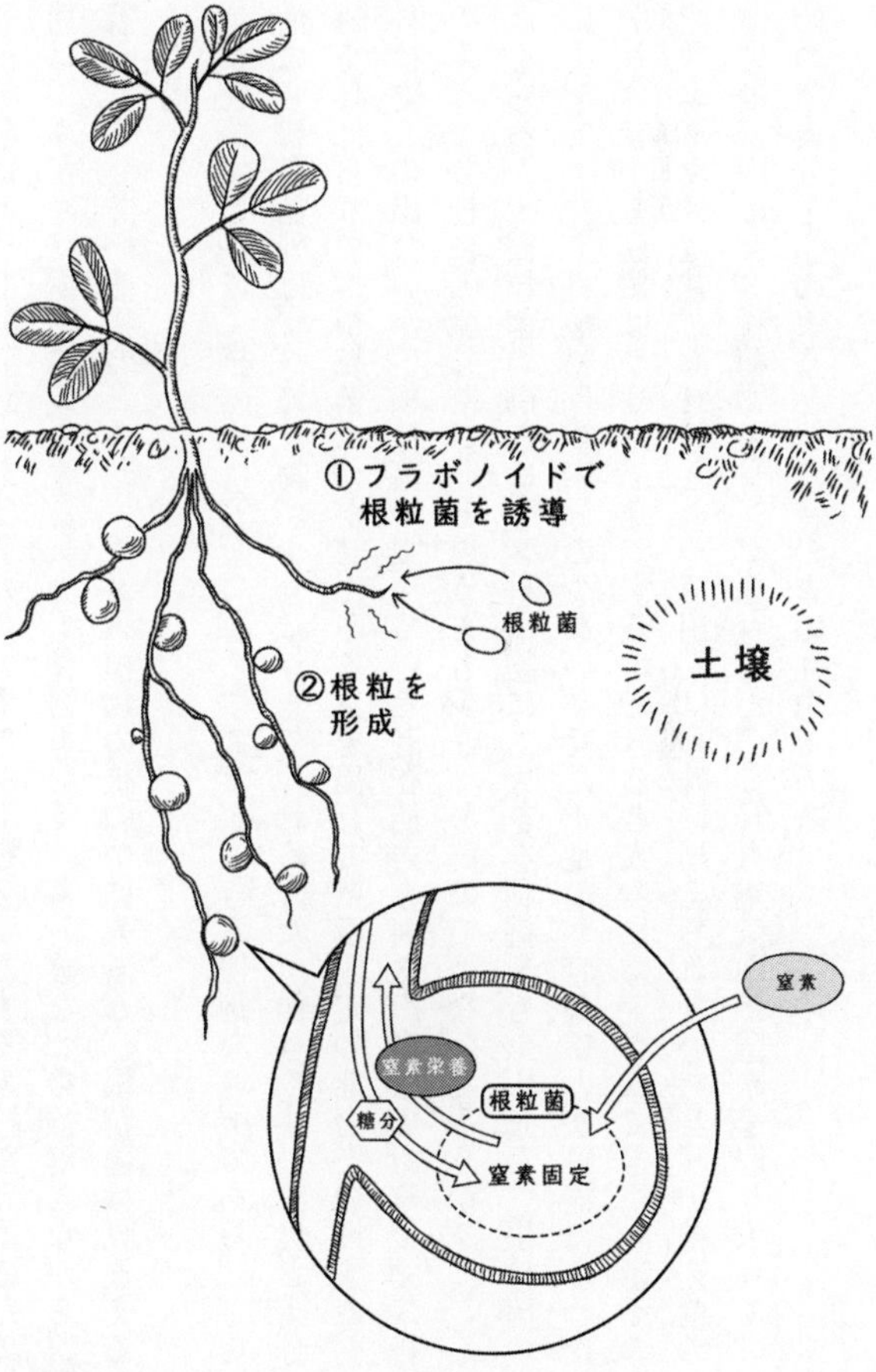
①フラボノイドで
根粒菌を誘導
根粒菌
土壌
②根粒を
形成
窒素
窒素栄養
根粒菌
糖分
窒素固定

マメと根粒菌の共生

根粒菌にとっても窒素固定は多大なエネルギーを必要とする大技だ。そのため根粒菌は、ふだんは窒素固定をする気力も体力もなく、落ち葉などを分解しながら質素な暮らしをしている。ところが、マメ科植物の根の中に入ると、根粒菌は見違えるほどに急変する。

根粒菌にとって、根の中は安全に暮らすことができる快適な場所である。さらに生活に必要な糖分はすべて植物が十分に与えてくれるのだ。働きやすい環境と十分な報酬を与えられて、根粒菌は、がぜんやる気を出して窒素固定の能力を発揮する。マメ科植物との出会いが、根粒菌の眠っていた潜在能力を引き出すのである。マメ科植物のような会社に転職したい、と思う方も少なくないのではないだろうか。

もちろん、根粒菌の働きはマメ科植物にも大きな利益をもたらした。根粒菌の働きによって、マメ科植物は窒素分の少ないやせた土地でも育つことが可能になったのである。昔から豆類はやせた土地でも栽培できると人々に重宝されてきたのはそのためだ。エダマメは昔、あぜ豆といって田んぼの畦《あぜ》に植えられていたし、田植え前の田んぼには一面にマメ科植物のレンゲを育てた。これも空気中の窒素を取り入れて、田んぼの窒素分を高めようとした昔の人の知恵である。

激しい戦いの末の共生

植物は根粒菌に住みかと栄養分を与え、その代わりに根粒菌は空気中の窒素分を固定して植物に与える。マメ科植物と根粒菌とは見事に持ちつ持たれつの関係を築いているのだ。このようにお互いに利益のある関係は「共生」と呼ばれている。

もちろん、簡単にこの共生関係が築かれたわけではない。マメ科植物と根粒菌が共生するためには、一つの深刻な問題があった。根粒菌が空気中の窒素を取り込むには多大なエネルギーが必要となる。そのエネルギーを生み出すために根粒菌は酸素呼吸をするのだ。しかし、窒素固定に必要な酵素は酸素があると活性を失ってしまう。つまり、呼吸のための酸素を運び、余分な酸素はすばやく取り除かなければならないのだ。大量の酸素をいかに正確にコントロールするか。この問題を解決するために、マメ科植物は酸素を効率よく運搬するレグヘモグロビンを身につけたのである。

私たち人間の血液中にある赤血球はヘモグロビンを持っていて、肺から体中へ効率よく酸素を運んでいる。マメ科植物が持つこのレグヘモグロビンは、人間のヘモグロビンとよく似た物質である。マメ科植物の新鮮な根粒を切ると、驚くことに血がにじんだようにうす赤色に染まる。これがマメ科植物の血液、レグヘモグロビンである。

根粒菌との共生を実現するために、マメ科植物はついには血液まで手に入れたのだ。まさに、これを血のにじむ努力と言うのだろう。

レグヘモグロビンを手に入れたことによって、マメ科植物と根粒菌は共に生きることが可能となった。まさに血の契りを交わしたマメ科植物と根粒菌である。彼らの共生関係には、他人には計り知れない深いつながりがあるに違いない。

ところが、である。根粒菌がマメ科植物と共生する過程は、植物の病原菌が植物に感染する過程とよく似ているという。そのため、根粒菌とマメ科植物の最初の関係は敵対関係から始まったと考えられている。根粒菌はもともと病原菌として感染しようと根にやってきた。もちろんマメ科植物のほうも感染されまいと激しく抵抗したはずである。病原菌と植物とが激しい戦いを繰り広げた進化の過程で、どうやら戦い合うよりも、共に協力しあったほうがいいということになったのだろう。そして死力を尽くした戦いの末に共生関係を築くにいたったのだ。

「お前なかなかやるじゃないか」「いや、お前こそ」

まるで殴り合いのけんかをしたあと、なぜか仲良くなってしまう青春ドラマの男の友情のようなものだ。

互いを認め合い、共に生きる。「共生」——なんという美しい言葉の響き。なんとすばらしいヒューマニズムに満ちた話だろう。だから、人間も平和を愛し、助け合わなければならないのだ。こんな教訓で終わればハッピーエンドだったろう。ところが、話は単純には終わらなかった。

共生の苦悩

マメ科植物と根粒菌は本当に仲良く共生しているのか？　よくよく調べてみると、どうやらそうでもないらしい。両者の関係は、マメ科植物のほうが一枚上をいっているようなのだ。

根粒菌は、マメ科植物にとってなくてはならないパートナーだが、あまりにはびこられても困る。根粒菌に与える糖分もバカにはならない。多すぎる根粒菌を養うほどマメ科植物もお人好《ひとよ》しではないのだ。

根粒菌を迎え入れるために、マメ科植物は根の中に通り道を作ることをすでに紹介した。しかし、この通り道はほとんどが途中で行き止まりになっているという。根粒までは簡単に迎え入れないのである。実はマメ科植物は、窒素の量をマメにチェックしているらしい。状況を見ながら迎え入れる根粒菌の数を慎重に判断しているのだ。もし根粒菌によって十分な窒素が供給されるようになれば、それ以上新しい根粒菌を迎え入れる必要はない。そこで、根の通り道をふさいでしまうのである。必要となれば、通り道を開き、必要な根粒菌を招き入れる。つまり、有能な根粒菌のほとんどはマメ科植物のかぼそい根毛の中で飼い殺し状態にあるのだ。

さらに、窒素固定能力の少ない根粒は、植物からの養分の供給がストップされてしまうらしい。働きの悪い役立たずは死んでしまえ、ということなのだろう。マメ科植物のコントロールは過酷だ。とても共生などという甘っちょろい関係ではない。いやはや、マメ科植物のような会社に転職してみたいだなんて、どの口が言ってしまったのだろう。

そもそも、根粒菌だって病原菌として植物に感染してやろうとやってきた。そして植物の体内に侵入し、まんまと共生関係にありついた根粒菌もしたり顔だったはずだから、そう文句も言えまい。どっちもどっちなのだ。仲良くしようや、という笑顔の裏に潜む両者の思惑。共生とは言っても、しょせんはエゴイズムとエゴイズムのぶつかり合いに過ぎないのである。これだから、自然界は油断ならない。

表もあれば裏もある。これが自然界の偽らざる実態だ。こんな自然界で、愛と宥和《ゆうわ》の「共生」を声高に理想に掲げる人類は、なんとも特殊な種《しゅ》である。あるいは、だからこそ人類は存在価値のある貴重な生物だとも言えるのだろう。神も仏もない厳しい自然界で、人間のような考えの生物が成功し繁栄していることは、まさに神の奇跡なのだ。

動物に運ばれる種子

スイカの噂

「スイカの種を誤って飲み込んでしまうと、お腹《なか》の中で芽が生える」

こんな噂《うわさ》をよく耳にする。はたしてこの噂は本当だろうか。植物の種子の発芽に必要なのは水分、温度、酸素の三つの要素である。胃の中には十分な水分があるし、温度も高い。酸素だってあるだろう。まさか、本当にお腹の中で芽が出てしまうのだろうか。

もちろん、スイカの種を飲み込んだからといって、お腹の中で芽が出るようなことはないので心配はいらない。胃液の主成分は塩酸で、胃の中はかなりの強酸性の状態である。胃の中は、あらゆるものを溶かしてしまう溶鉱炉のような場所なのだ。とても芽を出すどころではない。生存することさえ難しいだろう。

ところがスイカの種は芽を出さないまでも、胃の中でも消化されることなく生き残る。スイカの種子は固く丈夫なガラス質で覆われているので、強大な消化力を持つ胃でも消化されないのである。そしてスイカの種子は、胃の中を無事に通り抜けるのである。

「誤って飲み込んだスイカの種が引っかかって虫垂炎《ちゅうすいえん》になる」という噂もある。この噂はどうだろう。胃の中で芽を出さないにしても、細長いスイカの種が複雑に曲がりくねった腸を通り抜けられるのだろうか。盲腸に引っかかって芽を出すことはないのだろうか。

もちろん、この噂も迷信である。スイカの種子を飲み込んでしまっても、まったく心配することはない。複雑な腸も難なく通り抜け、スイカの種子はあなたのうんちといっしょに必ずや体外への脱出を果たすことだろう。

人間にとっては、誤ってたまたま飲み込んでしまったのかもしれないが、スイカの種にとっては人間のお腹に入ることは想定の範囲内なのである。

なるほど、スイカの種子は誤って食べられる危険までも想定して、身を守る能力を身につけているのだ、と納得してしまうのは早い。実は、むしろ食べられてしまうことこそが、スイカの本当の狙いなのである。

アフリカの砂漠地帯が原産

スイカはたっぷりの水分とあの甘味が自慢だ。夏の日差しに乾いた体への水分補給や疲れた体への糖分補給にはもってこいである。

スイカの原産地はアフリカの砂漠地帯である。アフリカでは現在でも、貴重な水分の補給源としてスイカを大切にしているという。砂漠に住む人々にとってスイカは水がめの役割を果たしているのだ。

砂漠のような厳しい環境条件の中で、スイカが苦労をして水分たっぷりの甘い果実を実らせるのにはわけがある。実は鳥や動物に食べてもらおうとしているのである。飢えた虎にわが身を与えたという釈迦《しゃか》さながら、砂漠で果実を与えるとはなんという慈しみの心だろう。現代で言えば、お腹のすいた人に自らの顔を食べさせるアンパンマンのようなヒーローなのだろうか。

もちろん、スイカがなんの見返りもなく、果実を食べさせているはずはない。甘く熟れたスイカにはあるたくらみがあるのだ。スイカの果実をむさぼり食べた動物や鳥は、スイカの種子もいっしょに飲み込んでしまう。これこそスイカのもくろみなのだ。そして、スイカはお腹の中を通り抜け、糞《ふん》といっしょに体外へ出るのである。

植物は動物のように自由に動けないが、行動範囲を広げるチャンスが一つだけある。それが種子である。タンポポの種子は綿毛で風に乗って遠くへ飛んでいくし、オナモミの種子はとげとげした実で衣服に引っかかって遠くへ運ばれていく。スイカの種子が好んで鳥や動物の体内に入りたがる理由も、まさにここにある。スイカの種子は食べられて、動物や鳥にあちらこちらへ運ばれる。だから、スイカの種子は食べられなければいけないのだ。

もちろん、まんまと食べてもらったスイカの種が、胃の中で芽を出したり、盲腸に引っかかるようなヘマをするはずはない。それどころか、スイカの種子はできるだけゆっくり時間をかけて胃腸を通り、体内にとどまるようにしているという。そうすることで、少しでも遠くまで運ばれようとしているのだ。胃の中も腸の中も、まったく平気なのだ。なんという余裕だろう。

そういえば、スイカ独特の縞《しま》模様も鳥や動物に見つかりやすいように発達したと言われている。そこまでしても、スイカは食べてもらいたいと思っていたのである。そう考えると、種を食べずに器用に吐き出してしまう人間は、ずいぶん迷惑な存在だ。

赤色は食べ頃のサイン

スイカだけでなく、多くの植物が鳥や動物に食べられて種子を運ぶという作戦を選んでいる。食べられるような果実をつける植物は、ほとんどが果実といっしょに種子を食べさせて、種子を遠くへ運んでもらおうとしているのだ。

例えばリンゴやモモ、カキ、ミカン、ブドウなど木の上で熟した果実は赤色、橙《だいだい》色、桃色、紫色のように赤系統の色彩をしていることが多い。これは鳥が赤色をもっとも認識するからである。一方、熟していない果実は緑色をしていて苦い。種子が未熟なうちに食べられては困るので、苦味物質を蓄えて果実を守っているのである。種子が熟してくると、果実は苦味物質を消去し、糖分を蓄え甘くおいしくなる。そして、果実の色を緑色から赤色に変えて食べ頃のサインを出すのである。「緑色は食べるな」「赤色は食べてほしい」。これが、植物が鳥や動物と交わした色のサインである。

森の果実を食べていたサルの子孫である人間にとっても、赤色は果実と交わした約束の色である。赤色を見ると人は副交感神経が刺激され、胃腸の働きが活発になる。ハンバーガーや牛丼のファストフード店が巧妙に赤色を配色しているのも、食欲をそそらせる効果があるためだと言われている。熟した果実さながらに闇夜に灯《とも》る赤提灯《ちょうちん》に、私たちがふらりと吸い寄せられてしまうのも、無理もない話なのだ。

国境を越えて侵入する植物

「トロイの木馬」という伝説がある。

古代ギリシア時代の話である。トロイ軍を攻めたギリシア軍は、城壁の堅い守りに阻まれてついには巨大な木馬を残して撤退してしまう。勝利を喜ぶトロイ軍は戦利品としてその木馬を城内に運び込んだ。しかし、これはギリシア軍の策略だった。その夜、木馬の内部に潜んでいたギリシア軍の兵隊が中から現れて、一気にトロイの城を陥落させてしまったのである。考古学者シュリーマンによって史実だったことが確認されたトロイの伝説。難攻不落の城へ木馬の中から見事に侵入したギリシア軍の奇策が功を奏したのである。

実は、近年トロイの木馬の伝説を模倣したかのような方法で、植物が侵略を企てている。

外国から日本に侵入し、定着した植物は帰化植物と呼ばれている。外国から輸入される荷物にまぎれた種子が日本に侵入するのが一般的だ。そのため帰化植物は、最初に空港や港の近くで発見されることが多い。そして空港や港で定着してから次第に周囲へと広がっていく。これが、帰化植物が日本に侵入し定着するパターンである。

ところが最近は、信じられないようなニュースが各地で聞かれる。畑のまん中にいきなり見たこともない帰化植物が出現して、作物に甚大な被害を与える事件が多発しているのだ。けっして空港や港に近いわけではない。しかも、畑のまわりや周辺で目撃されていたわけでもない。それなのにテレポーテーションでも使ったかのように、いきなり畑のまん中に現れるのだ。小麦畑に突然現れたミステリーサークルは二人のイギリス人によるイタズラだったことが明らかになったが、雑草出現の謎はどう解かれるのだろう。

日本各地に広がる帰化植物

そのカラクリはこうである。

それらの帰化植物は、アメリカのトウモロコシやダイズの畑で雑草として生活をしていた。それが、収穫されたトウモロコシやダイズに種が交じって日本に運ばれてきたのである。積荷に交じっての日本への密航。これで国境を越えて日本への侵入が成功したのだ。

ところが、問題の雑草たちはそれでは満足しない。さらに静かに潜伏を続けることになる。トウモロコシやダイズは家畜の餌として利用されることも多い。家畜がこの餌を食べるとき、交じっていた雑草の種もいっしょに食べてしまうのだ。まさに雑草たちはトロイの木馬の腹の中に潜伏したのだ。雑草の種子は家畜の体内で消化されることなく、糞とともに体外へ出される。しかし、雑草の潜伏任務はまだ終わらない。家畜の糞からはやがて堆肥《たいひ》が作られる。そして、この堆肥が肥料として野菜畑や果樹園にまかれることによって、ついに帰化植物の種子は畑の中に侵入を遂げたのである。牛馬の体内に潜伏して、見事に侵入を果たした帰化雑草。こうしてトロイの木馬よろしく畑に次々に侵入し、勢力範囲を広げているのだ。この侵入を防ぐ有効な手立ては少ない。まさに、帰化植物のあざやかな勝利である。

作戦遂行のためにウンコまみれにならなければならない、という唯一の欠点さえ気にしなければ、まさに完璧な作戦と言っていいだろう。

芽生えの科学

なかなか芽が出ない雑草

「あいつはなかなか芽が出ない」と悪口を言われてもいっさい気にすることはない。その気になって早く芽を出せば「出すぎたやつ」と芽を摘まれてしまうのがオチなのだ。そんな世情をよく知っているのは雑草だろう。なにしろ雑草と呼ばれる植物はなかなか芽を出さない。

意外に思うかもしれないが、放っておけば勝手に生えてくる雑草も、種をまいて育てようと思うとこれが意外に難しい。待てど暮らせど種が芽を出さないのである。「そんなことはない。雑草は抜いても抜いてもすぐに芽を出してくるではないか」という反論もあるだろう。確かにきれいに草むしりをしたつもりでも、数日もすれば雑草の芽が生えてきてすぐに元通りの草まみれになってしまう。すぐに生えてくるかと思えば、なかなか芽を出さないこともある。雑草の種類によっては何十年も土の中に潜んでいることも珍しくないのだ。このひねくれたところが、いかにも雑草らしい。しかし雑草にとっては、芽を出すタイミングを見極めることは、生き抜くために実に重要なことなのだ。

発芽のタイミング

小さな雑草の種子にとって、いつ芽を出すかは生死にかかわる重要な問題である。タイミングを見誤れば、か弱い芽生えは環境に適応できずにあっという間に死滅してしまうことだろう。

そこで、小さな雑草の種子が身につけた戦略こそが、「休眠」である。「休眠」とは文字通り「休む」「眠る」である。たくましい雑草の戦略としてはいささか拍子抜けしてしまうが、これこそが、私たちを草むしりに悩ませるしたたかな戦略なのである。

植物の種の発芽に必要な条件は、「酸素」と「水分」と「温度」の三つである。ところが、雑草の種子はこれらの条件がそろっても芽を出さない。発芽に適した環境でも芽を出さない性質が種子の休眠である。もちろん休眠とは言っても、実際には休んでいるわけでも、眠っているわけでもない。ただ、発芽するためのタイミングを計っているのである。

雑草の種子は身のまわりのさまざまな環境要因を複合的にとらえながら、発芽のタイミングを判断している。ただ、発芽を決断させる重要な要素がある。それは、「光」である。雑草の種子の多くは、光を感じとって発芽を開始する「光発芽性」と呼ばれる性質を持っている。せっかく芽生えても、まわりがすでに強大な植物によって覆いつくされていたら、小さな芽生えは育つことができない。逆に光が地面まで射し込んでいるということは、地上に障害となるライバルがなにもないことを意味している。だから、光が当たると芽が出るのである。

草むしりをすると雑草の種子が一斉に芽生えてくるのは、光が地面に射し込むことによって、邪魔になる他の草を人間がきれいにとってくれたことがわかるからである。雑草に限らず、光が当たると芽を出す性質を持っている植物は多い。光発芽性は弱い植物が生き抜くための知恵なのである。

赤色の光は「進め」の合図

ただし、光ならばなんでもいいかというと、そういうわけではない。光発芽性の種子は光の波長まで選《え》り好みしているのである。

種子に赤色の光が当たると発芽を始めるが、赤色以外の緑色の光が当たっても発芽をしない。赤が「進め」で緑色が「止まれ」というのは、人間界の交通信号とはまったく逆で奇妙な感じがするが、植物の世界ではこれが常識である。

植物の葉は光合成を行うために、赤色と青色の光を主に吸収している。つまり、赤い光が地面に到達しているということは、光を吸収する葉が遮蔽していないという確かな証《あかし》なのである。

逆に植物の葉は緑色の光はほとんど吸収しないので、緑色の光は反射したり、透過したりしてしまう。植物の葉が緑色に見えるのも、緑色の光が吸収されないからだ。つまり、地上に緑色の光が射し込んだとしても、それはまわりに邪魔者がいないことにはならない。むしろ、緑色の光だけが射し込んできたということは、まわりに生い茂る植物があるということなのだ。だから、緑色の光では種子は発芽しない。こうして光の波長まで吟味して、種子は慎重に発芽のタイミングを選んでいるのである。

すごい発芽のエネルギー

それにしても、芽生えのときのエネルギーはすさまじい。吹けば飛んでしまうような小さな一粒の種であっても、いざ発芽が始まると呼吸量は一気に高まり、熱を発する。まさに重量挙げ選手がバーベルを持ち上げるときの、荒い息づかいと紅潮した顔面を彷彿《ほうふつ》とさせる迫力である。少しばかりの石なら持ち上げてしまうし、アスファルトを突き破って芽を出してしまうときさえある。なにげなく地上に姿を現した小さな芽生えも、みんなそれだけのエネルギーをかけているのである。

一体、この小さな種子のどこにそんなエネルギーが隠されているというのだろう。

私たち人間は植物の種子をよく食べる。毎日食べているお米もイネの種子だし、ムギなどの穀物やダイズやエンドウ、ソラマメなどの豆類、トウモロコシもみんな植物の種子だ。

植物の種子は植物の体になる胚《はい》という赤ちゃんの部分と、芽を出すための栄養分になる胚乳《はいにゅう》という赤ちゃんのミルクの部分とからできている。

例えばお米では、玄米についている胚芽《はいが》と呼ばれる部分が胚である。胚芽を取り除いた白米はイネの種子の胚乳の部分である。私たちはイネの種子のエネルギータンクを食べているのだ。私たち人間も種子と同じように、でんぷんを消化酵素で糖に分解し、さらに糖を呼吸によって分解してエネルギーを獲得している。ご飯は栄養満点でもりもり食べると元気が出るのは、種子が発芽のエネルギーを作り出すのとまったく同じ仕組みだ。

マメの作戦

ただし、胚乳がない種子もある。ソラマメやラッカセイの薄皮をむいて豆を見てみると、ちょうど立体パズルのように二つに分かれることに気がつくだろう。これは双葉になる部分である。マメ科の種子の中には双葉がぎっしりと詰まっているのだ。マメ科の植物はこの厚みのある双葉の中に栄養分をためているのである。芽生えのサイズは、少しでも大きいほうが、他の芽生えとの競争に有利である。そのため、これらの植物はエネルギータンクを体内に内蔵することで、限られた種子の中のスペースを有効に活用し、体を大きくしているのである。胴体の輸送スペースを少しでも広げるために、飛行機が燃料タンクを翼の中に内蔵しているのと同じ考え方なのだ。

植物の種子の中には発芽のための栄養分がぎっしりと詰まっている。エネルギータンクに貯蔵された栄養分を呼吸によって分解してエネルギーを生み出し、種子は強大なパワーを発揮するのである。

イネやトウモロコシなどイネ科植物の胚乳の主な成分はでんぷんである。このでんぷんを分解して発芽のエネルギーを生み出しているのだ。もちろん、ご飯やムギ、トウモロコシのでんぷんは私たちにも生きるためのエネルギーを与えてくれる重要な栄養分だ。

車にガソリンで動くガソリン車と軽油で動くディーゼルエンジン車があるように、でんぷん以外のものをエネルギー源として使う種子もある。畑のお肉と言われるダイズはたんぱく質を主な燃料としている。また、ヒマワリやナタネは脂肪を主なエネルギー源としている。ヒマワリやナタネから豊富な油が取れるのはそのためだ。

カビを栄養にする種子

種子の持つ栄養分は、親の植物が持たせてくれたお弁当のような存在である。このお弁当で根や葉を伸ばし、やがて胚乳のエネルギーを使い果たすと自活するようになるのである。

ところが、世の中にはお弁当を持たせてくれない植物もある。この植物はとにかくたくさんの種子を作る。一つの花が数百万もの種子をつけるというから大変だ。これだけ子だくさんだと、とても一つ一つの種子に弁当を持たせる余裕がない。

親の事情もよくわかるが、栄養がまったくなければせっかく命を授かった種子も芽を出すことができない。栄養分を持たない種子はどうやって芽を出すのだろうか。

背に腹は代えられない。生き残るために、この種子はすさまじい方法を考え出した。

なにを思ったか、種子はカビを呼び寄せ、驚くことに自らの体に感染させてしまうのである。いったいなにを思ってのことだろう。親の仕打ちに嫌気がさして、自暴自棄になってしまったのだろうか。

そうしている間にも、カビは菌糸を伸ばしながら、種子の死んだ細胞を消化吸収して成長していく。ところが、あるとき種子の細胞が反撃を開始する。種子中の細胞は成長したカビの菌糸を消化して、栄養分を吸収するのだ。このカビから得た栄養分を使って、種子は発芽をするのである。これがこの種子の発芽方法である。まさに「肉を切らせて骨を断つ」ぎりぎりの作戦と言えるだろう。

この植物は、ランである。ランの美しさはどこか妖艶だと思ったら、こんなにすさまじい生い立ちを過ごしているのだ。本当に芽を出すということは大変なことだ。

乾燥に強い植物のシステム

雑草はなぜ強いのか

仏教の教義にこんなたとえ話がある。

「たとえば田畑の植物は、日照りには枯れ、雨ふれば育つなり。これは人力によりて植えたるゆえなり。路辺に生いたる春草は、土より生じて人力によらず。かかるがゆえに大地のうるおいのゆえに日照りにも枯るることなし」

毎日水をあげて丹精をこめて育てている花や野菜が夏の暑さでしおれているのに、道ばたの雑草は青々と元気でいる。こんな様子は、私たちもよく目にするところである。自然に生じるものは、人間の力の及ばない強さがある。この教えは私たち人間のはかることのできない大きな力の存在を説いたものである。

なるほど確かに道ばたの雑草は強い。雑草だから、と言ってしまえばそれまでだが、考えてみれば不思議である。どうして、雑草は乾燥した条件で強く生きていけるのだろうか。

確かに甘やかされて育つ作物や園芸植物に比べると、雑草は過酷な境遇に置かれている。それだけ、困難な環境に鍛えられて強くなっているということもあるだろう。例えば、根の量は水分の少ない土地で生きるために大切な要因だ。

水を十分に与えられた植物は、根を必要以上に伸ばさない。余計なエネルギーを費やすくらいなら、茎や葉を伸ばしたほうがいいからだ。典型的な例では、球根の水栽培がある。水栽培をすると、何本か根を伸ばすだけで、土の中で育つときのようにたくさんの根を張り巡らせるようなことはしない。根を伸ばさなくても潤沢に水を吸うことができるからである。

しかし、水が与えられなくなったとき、根の量が足りないと、乾燥に対して弱さをさらけ出してしまう。逆に、水分が少ない状態で育つと、懸命に根を伸ばして根の量を増やしているので、水分の少ない乾いた土の中からでも水を吸うことができる。過酷な環境で育った雑草が日照りに強い理由の一つはここにある。

夏は光合成の真っ盛り

根の量は乾燥に対する強さを決める大きな要因である。しかし、雑草と作物ではもともとのつくりに決定的な違いがある。実は、夏に繁茂する雑草の多くはターボエンジンを搭載しているのだ。

爆音こそさせないものの、夏の太陽の下で植物はエンジンを全開にしている。自動車のエンジンがガソリンを酸素で燃焼させて動力を生み出すように、植物は代謝サイクルをフル回転し、光エネルギーを使って水と二酸化炭素を化学反応させて糖分を生産しているのだ。これが、光合成である。

一般の植物はC_3回路というシステムで光合成を行っている。ところが、この通常の光合成回路とは別に、C_4回路と呼ばれる高性能の光合成システムを持っている植物があるのだ。

ターボエンジンは空気を圧縮し、大量の空気をエンジンに送り込んでパワーを上げるシステムである。実は光合成のC_4回路もよく似た仕組みを持っている。C_4回路はターボチャージャーのように二酸化炭素を圧縮して、エンジンであるC_3回路に送り込む役割をしているのだ。このシステムによって、光合成能力を飛躍的に高めることができるのである。

高性能なシステム

ターボエンジンが高速運転でその持ち味を発揮するように、光合成の高性能のエンジンも、夏の高温と強い日差しの下でその高いポテンシャルを発揮する。C_3回路は強すぎる太陽の光に光合成が追いつけず、光合成量が頭打ちになってしまう。アクセルをどんなに踏んでもパワーが上がらずスピードの出ない車のような感じだ。しかし、C_4植物は違う。照りつける太陽の光が強ければ強いほど、光合成速度はますます加速していくのだ。

さらにC_4回路にはメリットがある。一般に、植物が二酸化炭素を吸収するために気孔という換気口を開くと、水分がそこから失われてしまう。しかし、C_4回路は少ない二酸化炭素でも光合成能力を維持することができるので、気孔が開く時間を制限して、水分を節約することが可能になるのだ。そのため、C_4回路を持つ植物は乾燥した場所で強さを発揮するのである。

日本で栽培される農作物の多くはC_3回路のみを持つC_3植物が多いのに対し、夏に繁茂する畑や道ばたの雑草はC_4回路をあわせ持つC_4植物が多い。夏の雑草が日照りに強い理由の一つは、このためだったのだ。

水分不足でオーバーヒートしたC_3植物を尻目に、夏の照りつける太陽の下、C_4回路を持った畑の雑草たちはエンジン全開で光合成を行うのである。それにしても、光合成というのは優れたシステムである。フル回転で活動していても音ひとつしない。もし、植物の光合成の回路が人間の作ったエンジンのように音を出していたら、きっと、うるさくてたまらなかったことだろう。

ツインカムもある？

C_4回路もすぐれたシステムだが、さらに乾燥地仕様の特殊なシステムがある。

自動車のエンジン性能にとって重要な部品に吸排気バルブの開閉にかかわるＣＡＭ（カム）がある。このカムを吸気用と排気用に分けて、二本のカムシャフトを装着した高性能エンジンが、いわゆるツインカムである。実は、植物でも乾燥地仕様の高性能な光合成システムはＣＡＭ（カム）と呼ばれている。もっとも植物のＣＡＭは「ベンケイソウ型有機酸代謝（Crassulacean Acid Metabolism）」という言葉の略だから、言葉が似ているのはまったくの偶然である。

C_4回路の光合成システムは、気孔の開閉を最小限に抑えることができるとはいえ、二酸化炭素を吸収するときに、貴重な水分が気孔から失われてしまう事実は避けられない。ところが、水分が貴重な乾燥地帯では、このわずかな水分のロスさえ、命取りになってしまうのだ。

そこで登場するのがＣＡＭである。光合成は太陽の光がある昼間行われるため、これまでの植物は、水分の蒸発が激しい昼間に気孔を開く必要があった。ところが、ＣＡＭの光合成システムでは、吸気用のシステムを別に分けることでこの問題を解決した。水分の蒸発の少ない夜間に気孔を開いて二酸化炭素を取り込み、濃縮して溜《た》め込んでおく。そして、昼間は気孔を完全に閉じて、蓄えた二酸化炭素を利用して光合成を行うのである。こうして、昼と夜とでシステムを使い分けることによって水分の蒸発を抑えることに成功したのだ。

　本来は一体だったシステムを、機能を分担させて二つに分けるという発想は、ツインカムエンジンと似ていなくもない。ただ、その仕組みは違う。ＣＡＭのシステムは、むしろ夜の間に夜間電力で氷や温水を作って熱エネルギーを蓄え、昼間に利用する深夜電気温水器と、よく似たシステムと言えるだろう。

C_4植物の意外な弱点

C_4植物は、光合成速度が速く、乾燥にも強い高性能なシステムを獲得した。これでは、C_4回路を持たないC_3植物ではとても勝ち目がないように思える。ところがC_4植物が圧倒的に勝利し、C_3植物を追いやっているかというとそうでもない。むしろC_4回路を持たないC_3植物のほうが、種類も多く一般的なくらいである。

なぜ、高性能なはずのターボエンジンが完膚《かんぷ》なきまでの勝利を手にすることができないのだろう。

自慢のターボエンジンを積んだスポーツカーも、エンジン全開で走る機会ばかりではない。のろのろ運転の低速では、その能力を発揮するどころか、過給能力が過大になってしまう。その結果、燃料を浪費し、排気騒音が大きいだけになってしまうのだ。

C_4植物も同じ問題を抱えている。気温が高く、日差しが強い条件では光合成の能力を最大限に発揮し、フルパワーで光合成を行うことができる。しかし、温度が低かったり、光が弱いと、どんなに二酸化炭素を送り込んでも過給能力が過大になってしまう。さらに、C_4回路を動かすために、余計なエネルギーが必要となるから、その効率はむしろC_3植物に劣ってしまうのである。

そのためC_4植物は、熱帯地方では圧倒的な優位性を発揮するものの、日本のような温帯地域では必ずしも優位性を発揮できるわけではない。

高速域で抜群の馬力を発揮するターボエンジン搭載のC_4植物と低速域で能率の良さを持ち味とするノンターボのC_3植物。デッドヒートを繰り広げる両者の戦いは一進一退だ。どちらがこのレースを制するのか。ゴールのチェッカーフラッグはまだ当分、

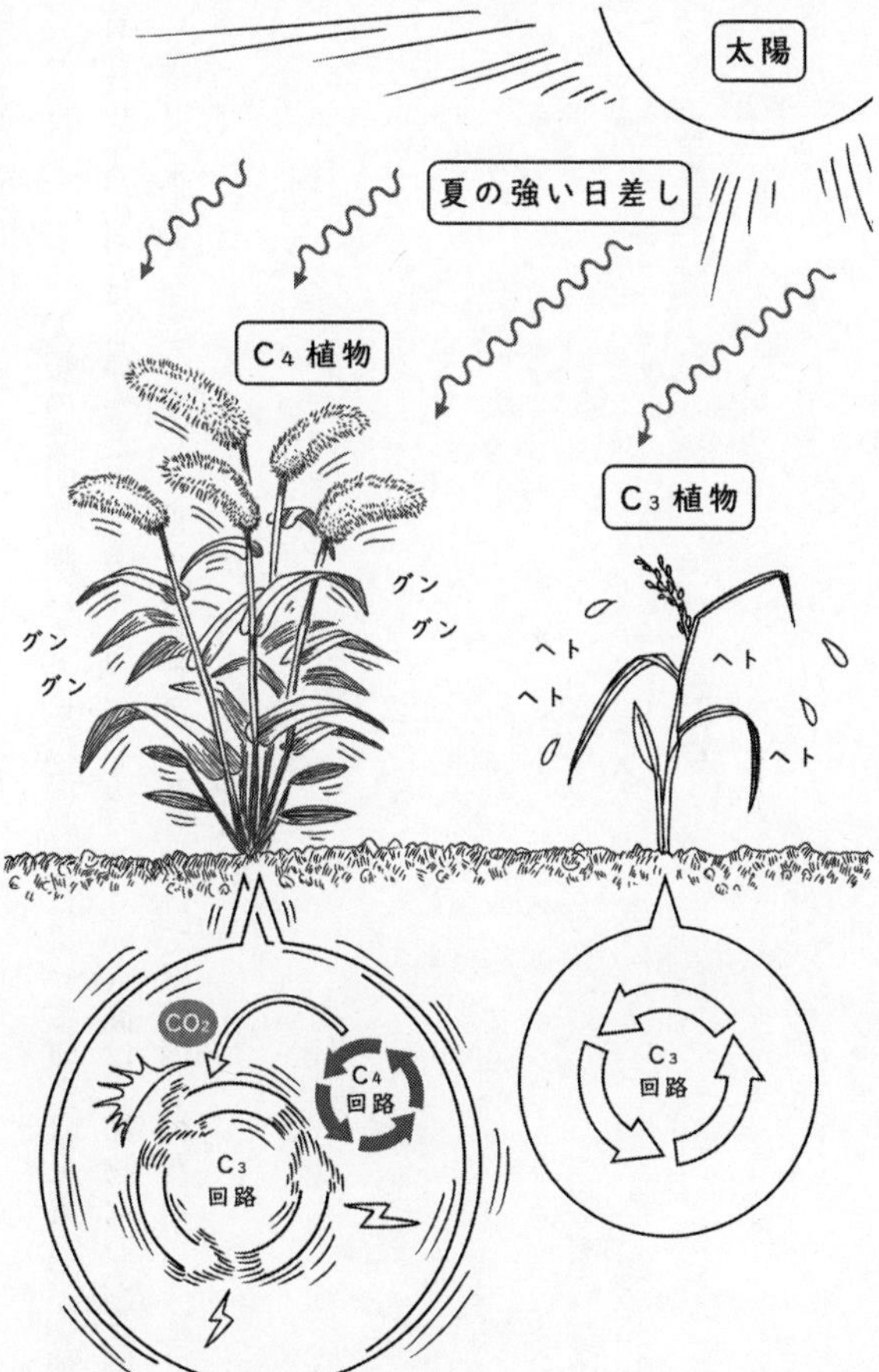
太陽
夏の強い日差し
C4 植物
C3 植物
グン
グン
グン
グン
ヘト
ヘト
ヘト
ヘト
CO2
C4
回路
C3
回路
C3
回路

CAM システム

見えそうにはない。

一説によると、人類の文明活動による地球温暖化によって気温は上昇し、C_4植物が有利になるのではないかともささやかれている。どうか人間は、植物たちの真剣勝負に余計な水をさすことなく、正しい観戦者であり続けてほしいものだ。

植物に潜む暗号

地下金庫の暗証番号

人気の小説『ダ・ヴィンチ・コード』は、ある殺人事件をきっかけとして、レオナルド・ダ・ヴィンチの残した暗号を解き明かし、キリストにまつわる秘められた謎に迫るという物語である。映画化もなされたので、映画をご覧になった方もいるだろう。

この物語の中で、地下金庫を開く暗証番号として登場するのが、「１２３５８１３２１」という数字である。さて、この暗証番号を覚えることができるだろうか？　この番号さえ覚えていれば、もし、あなたが地下金庫に行くことになったときに、すぐに開けることができるだろう。

実はこの番号はわざわざ覚えなくても、すぐに思い出すことができる。

この数字は、ある規則に則《のっと》って作られたものなのである。

「１２３５８１３２１」という番号は、「1、2、3、5、8、13、21」という七つ

の数字が並んだ数列になっている。

この一見すると不規則に並んでいるように思える数字は、どのような規則性に基づいて並んでいるのか、その法則をあなたは見出《みいだ》すことができるだろうか。

ちなみに、この数列は、「21、34、55、89……」と続いていく。

「1、2、3、5、8、13、21」という数字の並び方をよく見ると、前の二つの数値を足した数が並んでいるという規則性に気がつくだろう。つまり、1＋2＝3、2＋3＝5、3＋5＝8、5＋8＝13、8＋13＝21というように、数字が並んでいるのである。

この数列が、フィボナッチ数列と呼ばれるものである。

世界でもっとも美しい比率

一対一・六一八という比率は、世界でもっとも美しい比率であると言われている。これが「黄金比」である。

黄金比は、さまざまなところに用いられている。ダ・ヴィンチの作品である名画モナリザの構図もこの黄金比が用いられているとされているし、ミロのヴィーナスや、パルテノン神殿、ギザのピラミッドにも黄金比が用いられている。身近なところでは、名刺やiPod、ハイビジョンテレビの画面などの縦と横の比が黄金比である。

実はこの黄金比は、フィボナッチ数列と深く関係していることが知られている。

驚くことに、一対二、二対三、三対五というように、このフィボナッチ数列の並んだ二つの数字の比を取っていくと、次第に黄金比に近づいていくのである。

この不思議な数列は、無理やりに作られたものではない。実は、生物の世界は、この数列に従っているものが多いという。

もともと、フィボナッチ数列は、ウサギの増え方から見出されたものだ。

一つがいのウサギが、一カ月で大人になり、二カ月目から一つがいの子を産んで増えていくようすを仮定してみよう。

一つがいの子ウサギが、一カ月目には大人になり、二カ月目に一つがいの子を産む。すると、二カ月目にはウサギは二つがいとなる。三カ月目には、最初のつがいがさらに一つがいのウサギを産むが、最初に生まれた子ウサギは大人になるだけで子どもは産まない。そのため三カ月目には、三つがいとなる。これを繰り返していくと、図に示したように、四カ月目には五つがいとなり、五カ月目には八つがいとなる。このような生物の増え方を示す数列が、フィボナッチ数列である。

さて、このなんとも複雑な数列が、植物となにか関係しているのだろうか。

実は、植物の形もまた、このフィボナッチ数列に従っているのである。

植物の葉の位置

植物の茎には、無数の葉がついている。しかし植物の茎につく葉は、でたらめについているわけではない。ちゃんと葉の位置が決まっているのである。

植物は、少しずつ葉の位置をずらしながら成長していく。つまりらせん状に回転しながら伸びているのである。どの程度の角度で葉の位置がずれるかは植物の種類によって決まっている。

例えば、一枚の葉っぱが出ると、次の葉っぱは反対側に出すものがある。つまり、三六〇度の二分の一の一八〇度ずらして葉をつけていくのである。

あるいは、三六〇度の三分の一の一二〇度ずつずらしながら葉をつけるものがある。これは葉が三枚出ると、茎を一周することになる。

多くの植物に見られるのは、三六〇度の五分の二の一四四度ずつずれるものや、八分の三の一三五度ずれるものである。一四四度や一三五度と言われてもよくわからないかもしれないが、葉が五枚出て茎のまわりを二周するのが五分の二、葉が八枚出て

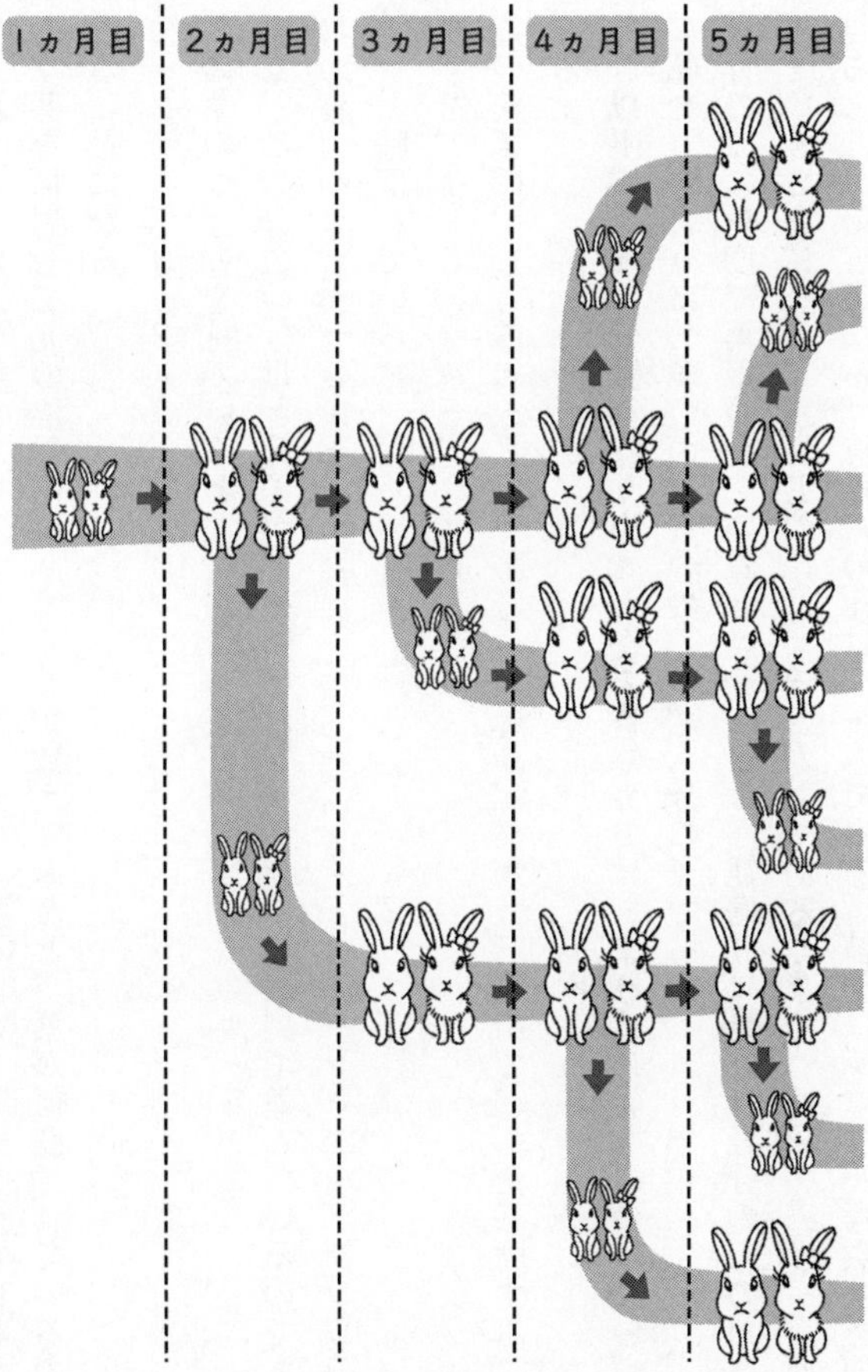

フィボナッチ数列とウサギ

茎を三周するのが八分の三ということになる。一定の葉を決めて、そこから何枚目の葉で、茎を何周して元の位置に戻ってくるか数えてみると、葉が何度ずれているのかわかることになる。

1／2、1／3、2／5、3／8……。

この葉のつき方を見ていると、気がつくことがある。

実は、この分数の分母と分子が、それぞれフィボナッチ数列で並んでいるのである。植物の葉のつき方がフィボナッチ数列に従っていることは、「シンパー・ブラウンの法則」と呼ばれている。

1／2、1／3、2／5、3／8……。

この続きは、もちろん5／13である。つまり、葉が一三枚出て、茎を五周することになる。

これ以上、複雑な分数も作り出せるが、自然界ではあまりに複雑なものはない。すでに紹介したように、多いのは五分の二や、八分の三である。

五分の二の角度で葉がついているということは、逆回りに見れば五分の三の角度があるということになる。三対五の比は、一・六七である。また、八分の三は、逆回りに見ると八分の五となる。五対八の比は一・六である。植物はシンプルな数字を使いながら黄金比に近似した五分の二や八分の三を選んでいるのである。

どうして、植物の葉が、このような数列に従った規則性をもつのだろうか？　その理由は明確ではないが、すべての葉が重なりあわずに効率よく光を受けるためや、茎の強度のバランスを均一にするためであると説明されている。

植物の葉のつき方は、このようにフィボナッチ数列や、黄金比に従っているのである。

花占いの真実

「好き」「嫌い」「好き」と一枚ずつ花びらを抜きながら、恋の相手の心を当てる占いがある。よく用いられるのはコスモスだろうか。

もしコスモスを用いるのであれば、花占いは必ず「嫌い」から始めた方が良い。コスモスの花びらは偶数の八枚である。そのため、「嫌い」から始めれば、必ず「好き」で終わることができるのだ。

マーガレットも花占いによく使われる花である。マーガレットの花びらは二一枚である。そのため「好き」から始めれば、必ず「好き」で終わるだろう。

ただし、たまには栄養条件によって花びらが多かったり、少なかったりするかもしれない。しかし、そんな花をたまたま引いてしまうほど不運であれば、恋の成就はおぼつかないだろう。

花びらの枚数は、種類によっておおよそ決まっている。

たとえば、サクラやスミレは花びらが五枚である。

ユリの花びらは六枚あるように見えるが、外側の三枚は花びらではなく、がくが花びらのように変化したものである。そのため、ユリは花びらが三枚である。

花びらの多いものも、花びらの数は決まっている。

マリーゴールドは一三枚、ヒナギクは三四枚である。

さて、なにか気がつくことがないだろうか。

ユリは三、サクラは五、コスモスは八、マリーゴールドは一三、マーガレットは二一、ヒナギクは三四……。

そうである。植物の花の花びらの枚数もまた、フィボナッチ数列によって作り出される数字なのである。どうして花びらの枚数がフィボナッチ数列に従っているのかは謎である。これこそが、まさに植物に隠された暗号なのかもしれない。

ヒマワリの種に隠された数列

フィボナッチ数列は、自然界のさまざまな生物の形の中に隠されているという。その代表的なものとして知られているものにヒマワリの花がある。ヒマワリの花の中には、数百粒から数千粒もの種子が、ぎっしりと詰まっている。

この限られた花の面積の中に、ヒマワリは種をできるだけたくさん詰め込まなければならない。しかも花の中心の形は四角ではなく、丸い。あなたなら、どうやってヒマワリの種を配置していくだろうか。

実は、ここにもフィボナッチ数列が使われている。

ヒマワリの種の配列をよく見ると、きれいにらせん状に並べられていることに気がつく。このらせん構造は、右巻きのらせんと左巻きのらせんが合わさった二重らせん構造をしていて美しく種が並んでいる。

右巻きのらせんの数と左巻きのらせんの数を数えてみると、花によって異なるが、少ないものでは、左回りに二一列、右回りに三四列のものがある。もう少し大きいと左回りに三四列、右回りに五五列や左回りに五五列、右回りに八九列というものがある。大きな花になると左回りに八九列、右回りに一四四列というものがある。

しかし、驚くべきことに、いずれの数字もフィボナッチ数列から導き出される数字である。この規則性に基づくことで、ヒマワリは効率的に種子を配置しているのである。もっともヒマワリは花が大きいので、中心から外へ行くとどうしても数がずれてしまうことはある。しかし、中心部を観察してみればもともとはフィボナッチ数列の数字であることがわかるだろう。

なにも考えていないように見える植物が、黄金比や複雑な数列を利用していることはなんとも不思議である。まさに自然の神秘。自然の摂理の前では、人間の科学など小さな存在だということなのだろうか。まだまだ植物には私たちの知りえていない暗号が隠されていることだろう。

植物は、私たちが遠く及ばない偉大な数学者なのである。

他者を利用するつる植物

お風呂の法則

お風呂の栓を抜いたときにできるうず巻きは、北半球では必ず左巻きになり、南半球では逆の右巻きになると、まことしやかに噂されている。これは地球の自転によって引き起こされる「コリオリの力」によるものだという。学校で習って、さっそくお風呂の栓を抜いてみた人も多いだろう。ところが残念ながら、必ずしも左巻きになるわけではない。コリオリの力は物体の大きさや速度に比例して大きくなるので、お風呂の栓への水の流れにかかるコリオリの力はごく微弱なのだ。そのため、風呂桶《おけ》の傾き具合のほうが、水の流れに大きく影響してしまい、うずの巻き方はコリオリの力に左右されないのである。

それならば、完全に球形にした容器を作り、外部からの衝撃を一切排除して底の栓を抜くとどうだろうか。この場合はわずかなコリオリの力がうずの巻き方を決めるから、学校で習ったとおり、北半球では左巻き、南半球では右巻きになる。もっとも風呂の栓ならばおもしろいが、こんな大げさな実験装置でそのとおりになったとしても、すっかり興ざめしてしまうだろう。

コリオリの力は大きなものには大きく働くから、台風はコリオリの力の影響を大きく受ける。そのため、北半球で生まれた台風は必ずうずが左巻きになる。

ところで、植物のつるの巻き方にも右巻きと左巻きがあるが、これも北半球と南半球では逆になるという噂がある。日本では右巻きと説明されているはずの植物が、外国の図鑑では左巻きと書いていることがあるというのだ。これは、本当なのだろうか。

右巻き？　左巻き？

残念ながら北半球と南半球とで、つるの巻き方が変わるということはありえない。植物のつるの巻き方は、種類によって右巻きか左巻きかが決まっているのだ。しかし、巻き方が逆になるというのはまったくのでたらめとも言えない。実は同じつるの巻き方でも、右巻きと言ったり、左巻きと言ったりすることがあるのである。

うずまきの表現のしかたは複雑である。例えば台風は外側から内側へ風を吸い込んでいる。この内側への風の流れが左巻きと言われる。しかし、頭のつむじを考えてみるとどうだろう。つむじは内側から外側へ向かって毛が伸びていく。だから、台風と同じうずの巻き方をしていても、内側から外側への流れは右巻きなので、右巻きと呼ばれるのである。らせん形は見方によってまったく逆になってしまうのだ。

植物のつるの場合はどうだろう。かつてアサガオのつるは左巻きと定義されていた。教科書でも左巻きと習ったことを覚えている方も多いだろう。ところが最近では逆に右巻きと言うことが多い。

左巻きという理由は、つるをらせん階段に見立ててみると、左回りで上るように伸びていくからである。ただし、これでは植物を上側から見ていることになる。実際には、植物は下から上へ向かって伸びている。そこで、植物の視点で下から進行方向を見てみると、アサガオのつるは右巻きに伸びていることになるのだ。

下から上を眺めるというのは、なんともひねくれた物の見方に思えるかもしれないが、植物学以外の分野では進行方向に対して見るほうが普通である。アサガオのつるの巻き方は右巻きとされるネジの溝と同じである。そのため、これにならってアサガオは右巻きと言うのである。

ただし、つるの巻き方は決着がついているわけではない。最近では、アサガオは右巻きと言うことが多いものの、依然として左巻きと言うこともある。本によっても違うし、国によっても違う。アサガオは古今東西、同じようにつるを巻いているはずなのに、人間のほうが右往左往しているのだ。

アサガオの成長

アサガオは子どもたちの観察日記の定番である。アサガオの種をまくと、まず双葉が出る。そして本葉が一枚出る。ここまでは簡単である。ところが、その後が大変だ。アサガオは次々に葉をつけ、ぐんぐんつるを伸ばしていく。日記をつけるのを少しサボればあっという間に子どもたちの背丈を越えてしまうだろう。支柱さえ十分な長さがあれば、やがては家の屋根にまで達してしまうくらいだ。

この成長の早さは、アサガオがつるで伸びることと関係がある。一般の植物は自分の茎で立たなければならないので、茎を頑強にしながら成長していく必要がある。一方、つるで他の植物に頼りながら伸びていけば自分の力で立たなくていい。茎を頑強にする必要もないので、その分の成長エネルギーを伸長生長に使うことができるのである。このため、つる植物は短期間のうちに著しい成長を遂げることができるのである。

植物の世界では、どれだけ早く伸びることができるかが成功の鍵と言って過言ではない。先手を打っていち早く成長することができれば、広々とした空間を占有し、存分に光を浴びることができるのだ。光合成を行う植物にとって日照権は生死にかかわる問題だ。後手に回ると、他の植物に遮蔽されて、十分に光を受けることができない。もし、他の植物の陰に甘んずるようなことがあれば、成長のスピードはますます遅くなり、生存競争から取り残されてしまう。そして、日陰に生きる完全な負け組となってしまうのだ。

他人の力を利用して上へ伸びる図々しい生き方で、つる植物はスピーディな成長を可能にした。まじめに自分の茎で立っている植物と比べると少しずるいようだが、つる植物の成長は群雄割拠の植物界にあっては実に効果的と言えるだろう。

つるの巻き方もいろいろ

効率的に大きく育つことができるつる植物の戦略は、さまざまな植物に採用されている。アサガオはつるをらせん状に巻きながら伸びていくが、つる植物の伸び方はさまざまだ。

キュウリやヘチマなどウリ科植物は巻きひげで他の植物をつかみながら伸びていく。

巻きひげはゆっくりと回旋《かいせん》しながら、つかむべき支柱を探していく。そして、支柱を見つけると、ひげを巻きつけていくのである。しかも、この巻きひげはつかむ相手を選《え》り好みする。つかんだものがガラス棒のようにつるつるした支柱だと、巻きひげは巻きつくのをやめて、再び新たな支柱を探し始めるのだ。つまり、ひげの先端は支柱の感触を確かめながら、巻きつくのに適した支柱を選んでいるのである。

この巻きひげは実に良くできている。先端が支柱に巻きついた後も、巻きひげは回旋運動を続ける。そのため、巻きひげは左右からよじれてらせん状に巻いてしまうのである。ねじれて丸まった巻きひげは、まるでスプリングのように伸び縮みをすることができる。そして、弾力性を保ちながらも、しっかりと支柱に引き寄せて固定させるのである。

まるでスパイダーマンのように垂直の壁を登ってしまう植物もある。ツタである。ツタは甲子園球場でおなじみのように、家や塀につるを這《は》わせて、おしゃれな外観を演出してくれる。しかし、どうしてつかむところもない壁をよじ登っていくことができるのだろう。実は、ツタは巻きひげの先端に吸盤を持っている。この吸盤を使いながら垂直な壁も這い上がっていくのである。この方法であれば、つるや巻きひげが巻きつけないような太い大木にも登っていくことができるのだ。

つるの伸び方はさまざまだが、いずれもつるによって成長を早め、相手の植物を踏み台にして伸びていくことに変わりはない。そしてときには、お世話になった木を覆い尽くさんばかりに生い茂る。まったく図々しいかぎりである。

ブキミな絞め殺し植物

「他人に頼れば、苦労せずに早く大きくなれる」

このつる植物のアイデアは、一部の植物によからぬたくらみを抱かせた。その名も「絞め殺し植物」と呼ばれる植物は、頼った相手を亡き者にして、財産を奪うことを思いついたのである。

絞め殺し植物の種子は、大木から飛び立った鳥の糞にまぎれて大木の枝に着床する。大木が生い茂る熱帯のジャングルでは、たくさんのか弱き植物が木の上に住みかを借りてひっそりと暮らしている。観賞用の着生ランやエアープランツも、もともとは大木に身を寄せて生きている植物なのだ。絞め殺し植物も、他の植物と同じように小さな芽を出して、ひっそりと住みかを構える。しかし、絞め殺し植物にはひそかなたくらみがある。絞め殺し植物は、人知れず木の上から地面に向けて根を伸ばし始める。まるで高級マンションを狙う強盗が屋上から階下の部屋へロープを垂らすように、ゆっくりゆっくりと、確実にその根は下へと降りていく。やがて根はツタのように絡まり合いながら大木を這っていく。その様子は他のつる植物と変わりはない。ただし、違う点がある。ふつうのつる植物は下から上へと木を這い上がるのに対し、絞め殺し植物は上から下へと伸びていくのだ。この些細《ささい》な違いに当の大木が気がつくはずもない。

餓死する大木

ついにそのときが訪れた。根のうちの一本が地面にたどりついたのである。この瞬間、絞め殺し植物は豹変し、殺人鬼の正体を現すのだ。土から栄養分を得るようになった根は、一気に成長を始める。木の幹に張り巡らされた細い根は、太く頑丈になり、さらにロープでがんじがらめにするかのように、多くの根が次第に大木を包み込んでいく。そして、元の木が見えなくなるくらいまで、覆い隠してしまうのだ。

傍若無人に張り巡らされた絞め殺し植物の太い根の中で、大木の意識は薄らいでいく。そうして、立派だった大木もついには枯れ果ててしまうのだ。その様子はまるで、大蛇が巻きつくかのように、絞め殺してしまったかに見える。「絞め殺し植物」と言われる所以《ゆえん》だ。ただし、正確には絞め殺しているわけではない。土の栄養分を奪った

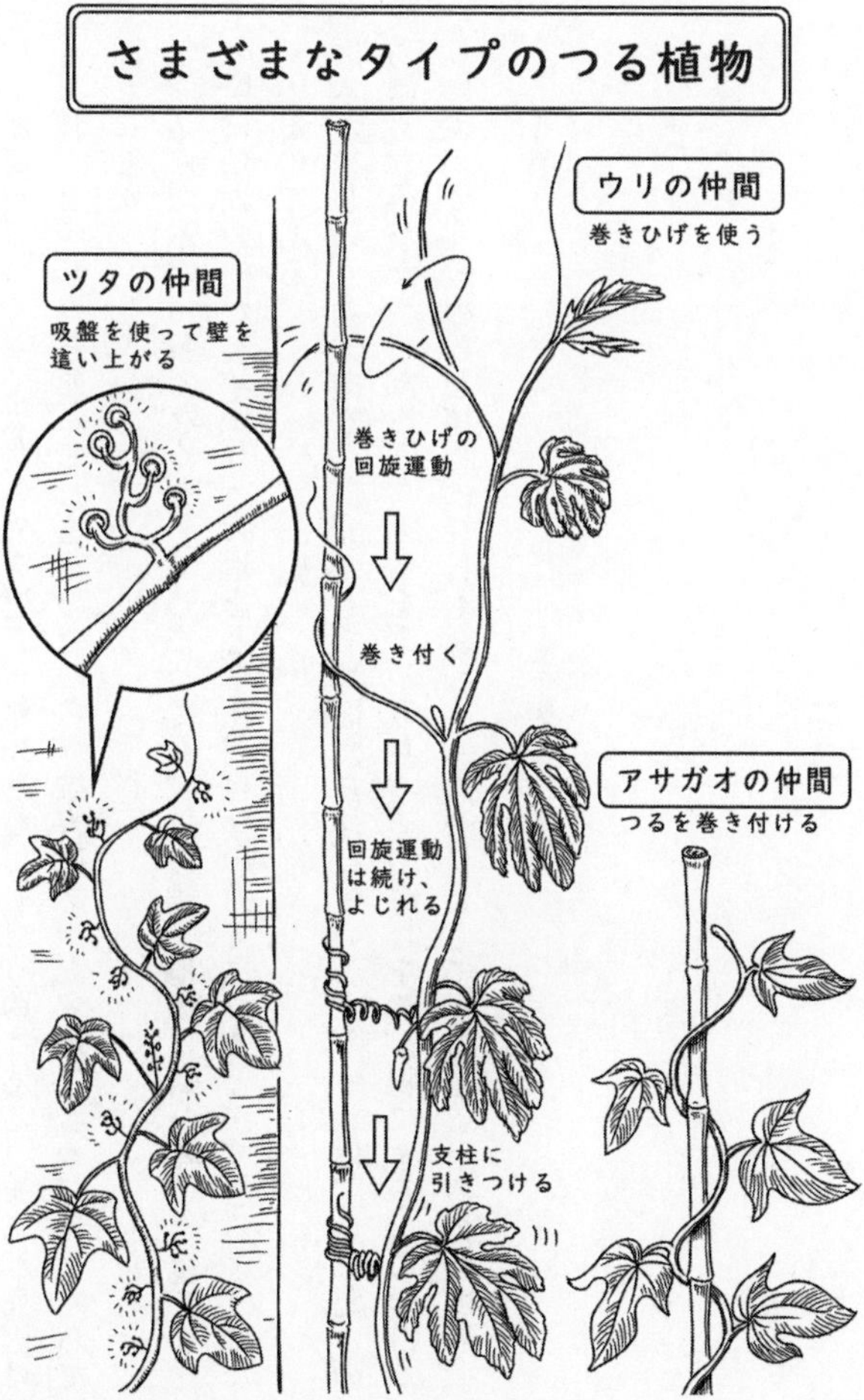
さまざまなタイプのつる植物
ウリの仲間
巻きひげを使う
ツタの仲間
吸盤を使って壁を
這い上がる
巻きひげの
回旋運動
巻き付く
回旋運動
は続け、
よじれる
支柱に
引きつける
アサガオの仲間
つるを巻き付ける

上に、木を覆いつくして太陽の光を遮り、餓死させてしまうのである。まあ、死因はどうあれ、どっちみち死んでしまうのだから、被害にあった大木にとってはどちらでも同じことだ。

包み込んだ木が朽ちてなくなってしまっても、絞め殺し植物は倒れることはない。その頃には太い根がしっかりと大地をとらえ、自分の力で立つことができるようになっているのである。

巨木がひしめく森である。自分の力で地面から伸びていこうとすれば、これだけの成功はあり得なかっただろう。大木を乗っ取り、その跡目を我が物にする。このたくらみによって、絞め殺し植物は今日も森の大木の一員として君臨しているのである。

花と昆虫のかけひき

昆虫のために咲きほこる

「お客様は神さまです」は昭和の名歌手、三波春夫の名セリフだが、「お客様第一」は商売の基本である。どのお店も顧客をいかに満足させるかに頭を悩ませ、至れり尽くせりのサービスの限りを尽くしている。とはいえ、どんなお店もボランティアではないから、お客様を満足させる、というのは最終的な目的ではない。お客様に満足いただいて、足を運んでもらい、売上を伸ばすのが本当の目的である。

美しい花を咲かせる植物は、けっして人を喜ばせるために花を咲かせるわけではない。花にとっての顧客は人間ではなく、花粉を運んでくれる昆虫である。もちろん虫を呼び寄せるのには理由がある。ありとあらゆるサービスで昆虫を呼び寄せ、花粉を運んでもらおうとしているのだ。

花は花粉や蜜を昆虫に分け与え、昆虫はその代わりに花粉を運ぶという植物と昆虫の関係は、いかにもギブアンドテイクな関係に見えるが、けっして助け合っているわけではない。たまたま、双方の利害が一致しているだけのことだ。

植物は、コストをかけて蜜を作ったり、花びらで飾ったりしたのだから、虫にしっかりと花粉を運ばせて、投資分に見合うだけの利益を上げなければならない。一方の昆虫も植物のために働いてやる気など毛頭ないわけだから、少しでも良質の餌をたくさんくれる花でなければ訪れない。だから、サービスを怠ると、気ままな虫たちはたちまち愛想が尽きてしまう。花と昆虫の関係は、まさに、身勝手な消費者と、店の売上を上げるために「お客様第一」を掲げる店の関係と同じなのだ。

花が咲き乱れるお花畑は人間の目にはのどかだが、当の花たちにとってはそれどころではないだろう。ただ悠然と構えていても、昆虫がやってくるはずはないのだ。だから、昆虫を自分の花に惹きつけようと、植物はあの手この手の誘客合戦を繰り広げている。

それではお花畑に腰を下ろして、花たちの誘客戦略を覗いてみることにしよう。

花びらは看板がわり

まずは、花がここにある、ということを昆虫たちにアピールすることが大切である。

なにしろ昆虫が花の存在に気づいてくれなければ、昆虫を呼び寄せることなど到底できないのだ。

人の暮らす街にはさまざまな看板が乱立してお店の存在をアピールしている。植物の花も同じだ。昆虫の目にとまるように、大々的に看板を掲げている。それが花びらである。花々は色とりどりの美しい花びらで飾りつけ、花を目立たせるのである。

「好き、きらい、好き、きらい」と花びらを一枚ずつとって、ロマンチックな恋占いをした人もいるだろう。美しい花も、花びらを全部とってしまえばなんとも地味なものになってしまう。恋占いの結果はともかく、花の恋占いをすれば、花にとって花びらがどれだけ重要な役割を果たしているかわかるだろう。

しかし看板の役割を果たしているのが、花びらばかりとは限らない。ドクダミの花は四枚の白い花びらがあるように見えるが、実は花びらはない。花びらのように見えるのは総苞片《そうほうへん》という葉っぱが変化したものなのだ。あるいはチューリップには花びらが六枚あるように見える。しかし、本当の花びらは三枚で、残りの三枚はがくという本来は花びらを支える役割を果たす部分である。このがくが花びらのように変化して花を目立たせるのに一役買っているのだ。

人間社会だって、商品名を印刷したうちわを配ったり、路線バスの車体に広告を出したり、サッカーや野球のユニフォームにスポンサー名を出したり、利用できるものは、ありとあらゆるものを広告として使う。花だって同じである。花を目立たせるために利用できるものは利用する。手段は選ばないのだ。

ナノハナは小さい花の集合

どうせ咲くなら大輪の花を咲かせたい、というのはすべての人が思うところだろう。植物も実はそう思っている。花は大きいほうが目立つし、昆虫に見つけられやすくなるからだ。しかし、人間社会もそうであるように、大輪の花を咲かせたいと願うのは簡単でも、実際に咲かせるのは並大抵のことではない。

そこで植物は考えた。大輪の花が難しいのならば、小さな花でもいいではないか。小さな花を咲かせることは比較的難しくない。その代わり、小さな花をたくさん咲かせるのだ。

「塵《ちり》も積もれば山となる」の至言どおり、小さな花もたくさん集めて咲かせれば、大輪の花に負けない大きさになるではないか。

植物の花をよく見ると小さな花を集めて咲かせているものも多い。例えばナノハナやナズナなどアブラナ科の花をよく見ると、花びら四枚の小さな花がいくつも咲いている。まるで一つの花のようにしか見えないマメ科のレンゲやシロツメクサの花も、よく見ると小さな花がたくさん集まって形づくられていることがわかるだろう。

人間の世界でも、集まることは常套《じょうとう》手段である。小さな店は集まって商店街を作る。宣伝やイベントも共同でできるから、一つの店でやるよりもこのほうが宣伝の効率がいいのだ。あるいは、少しばかりの品物を庭先のガレージセールで売ろうとしても、人はやってこないが、公園に集まってフリーマーケットを開けば、人々が押し寄せることだろう。大きな店に思える大型スーパーやデパートも、よく見るといくつもの店がテナント形式で集まっている。まるで花と同じなのである。

花びらの役割はいろいろ

デパートなどでは、知名度のあるブランド店や老舗の名店をなんとか入店させようと一生懸命になる。優良店舗を入れることは、直接的な売上というよりも、むしろそのデパートに集客させる効果が大きいのである。つまりは、広告塔になるのだ。花もたくさん集まって大きくなれば、広告塔の店舗が欲しくなる。

ガクアジサイを見ると、周縁に美しい花びらを持った花が並んでいる。ところが、これらの花は生殖能力をほとんど持っていない。昆虫を惹きつけることだけを目的にした、ただの飾りなのである。生殖能力のある花々は装飾の花に囲まれて中央に配置されている。

進化した花であるキク科の花では、さらに完成された役割分担がある。ヒマワリは大きな花を咲かせる。ところが、ヒマワリの大きな花も小さな花が集まってできている。ヒマワリの花のまわりには花びらがたくさんついている。実は花びらのように見える一つ一つが花なのである。花の中心には大きな花の芯がある。花が枯れると中心部にはたくさんのヒマワリの種ができる。ところが、ヒマワリの小さな花は一つの花が一つの種しかつけない。つまり、ヒマワリの花の芯はたくさんの花が集まっているのである。花びらのように見える小さな花は、花びらが舌のように見えるので舌状花《ぜつじょうか》、中心にある部分には、花びらがなく雄しべと雌しべがあるだけである。これは管の中に雄しべと雌しべが入っているので管状花《かんじょうか》と呼ばれている。あたかも大きな一つの花に見えるヒマワリの花は、実は小さな花が一〇〇〇個以上も集まって作られているのである。

ヒマワリだけでなく、コスモスやマーガレットなどキク科の花は舌状花と管状花とからできていることが多い。こうして花びらの役割をする花と、受粉をする花とに分業体制を築いているのである。

合理的な営業時間

いつ店を開けるか、というのも重要な問題である。アサガオやツユクサなど、夏に咲く花は午前中の涼しいうちに咲いて、日中には閉じてしまう。わずか数時間のはかない命である。どうしてもっと長い時間咲いていないのだろうと疑問に思うが、これも理にかなっている。午後まで咲いていたとしても、夏の炎天になると暑すぎて昆虫の活動も鈍くなってしまう。昆虫が活発に活動する時間に店を開いてさっさと閉じるのは、考えてみれば合理的なのだ。有名なラーメン店が昼時と夕方からしかお店を開かないのと同じようなものだ。はかないどころか、実にしたたかである。

そうかといって、昆虫が活発な時間に開けばよいというものでもないのが、難しいところだ。まだ肌寒い早春の頃から野原では小さな花がひっそりと咲いて、春の訪れが近いことを人々に教えてくれている。まだ肌寒いのに昆虫が来るのだろうかと心配にもなるが、心配は無用である。アブなどはわずかに暖かい日でも活動をしている。確かに数はたくさんではないけれど、咲いている花も少ないから、わずかに咲く野の花に昆虫は集まってくるのだ。

他の店が開いていない時間帯に営業をする。これも有力な誘客作戦の一つなのである。

「元旦より営業します」という店も近頃では増えてきた。元旦早々初売りをして客が集まるのかと思うけれど、開いている店も少ないから客は集中する。もっとも最近ではほとんどの店が元旦から営業しているので、人間の世界では元旦営業も珍しくなくなってしまったが、植物の世界では早春のうちから花開くのはまだ有効なようだ。

コンビニエンスストアをはじめ、二四時間営業を行う店は珍しくなくなったが、夜開く花もある。昼間は花粉を運んでくれる虫の種類も数も多いが、花の数も多いから競争が激しい。そこで、過熱する勧誘合戦を避けて競争相手のいない夜咲く道を選んだのだ。夜は虫の数も少ないものの、咲いている花も少ないので客を独占できるのである。夜咲く花はガの仲間に花粉を運んでもらっている。つまり、お客は夜の蝶《ちょう》である。

甘い蜜はサービス品

損して得とれ、は商売の基本。人を集めるのにもっとも効果的な方法はなんと言っても無料のサービス品だろう。スーパーマーケットでも試食のコーナーには人が群がっているし、無料プレゼントを目当てに遠くの店まで足を運ぶこともある。「タダより高いものはない」とわかっていても、私たちはタダのものには弱い。試食やプレゼント、くじなど「無料」と聞けば、ついつい惹かれてしまうものだ。

もちろん、店だって奉仕でやっているわけではないから、タダで物をサービスするのには必ず目的がある。誘客だったり、新商品の販売促進だったりする。

植物にとっては蜜がサービス品である。多くの花には蜜があるが、花にしてみれば作り出した蜜は自らの受粉にはまったく関係がない余計なものだ。しかし、昆虫を呼び寄せ、花粉を運んでもらうために甘い蜜をたっぷり用意して、客の来店を待っているのである。

蜜の効果は抜群だ。多くの昆虫が蜜を求めて花に群がってくる。しかし、どんなに客が集まっても売上が伸びなければなんにもならない。あとは、来てくれたお客さんにどうやって花粉を運んでもらうかが思案のしどころだ。

一番奥に隠された蜜

コンビニには左回りの法則なるものが存在するらしい。入ってすぐにレジの前は通りにくいので、雑誌の前を通る。奥にはドリンクがある。そしてさらに進むとお弁当が置いてあるのだ。お弁当を選ぶとすぐ横にレジがあり、出口へとつながる。自由に動きまわれるはずの店内だが、多くの人がこの進路で買い物をしていくという。売れ筋商品であるお弁当やドリンク類を巧みに店の一番奥に配置し、いろいろな売り場を通るようになっているところが心憎い。商品の配置が、知らず知らず人の動きをコントロールしているのである。

もちろん、植物だってスーパーやコンビニが思いつくくらいのことは、すでに実践している。植物にとって蜜はまさに赤字覚悟のサービス品である。サービス品だけ持っていかれたのでは商売あがったりなのだ。だから、サービス品である蜜も、花の一番奥に配置するのが適当だろう。実際にほとんどの植物が花の一番奥にある花の根元の部分に蜜を隠している。

しかし、一番奥にあると、花の外にいる昆虫に気がつかれない恐れもある。「本日は特売日」「バーゲン会場は七階催事場」といった案内板を表に出しておくことが必要なのだ。

ツツジの花を見ると、上向きの花びらになにやら斑点状の模様が描かれていることに気がつくだろう。これは蜜があることを示す標識の役割を果たしていて「蜜標《みつひょう》」と呼ばれている。この模様にしたがって花の奥へと入っていくと、上向きの花びらの一番奥に蜜が隠されているというわけなのだ。

ツツジの断面

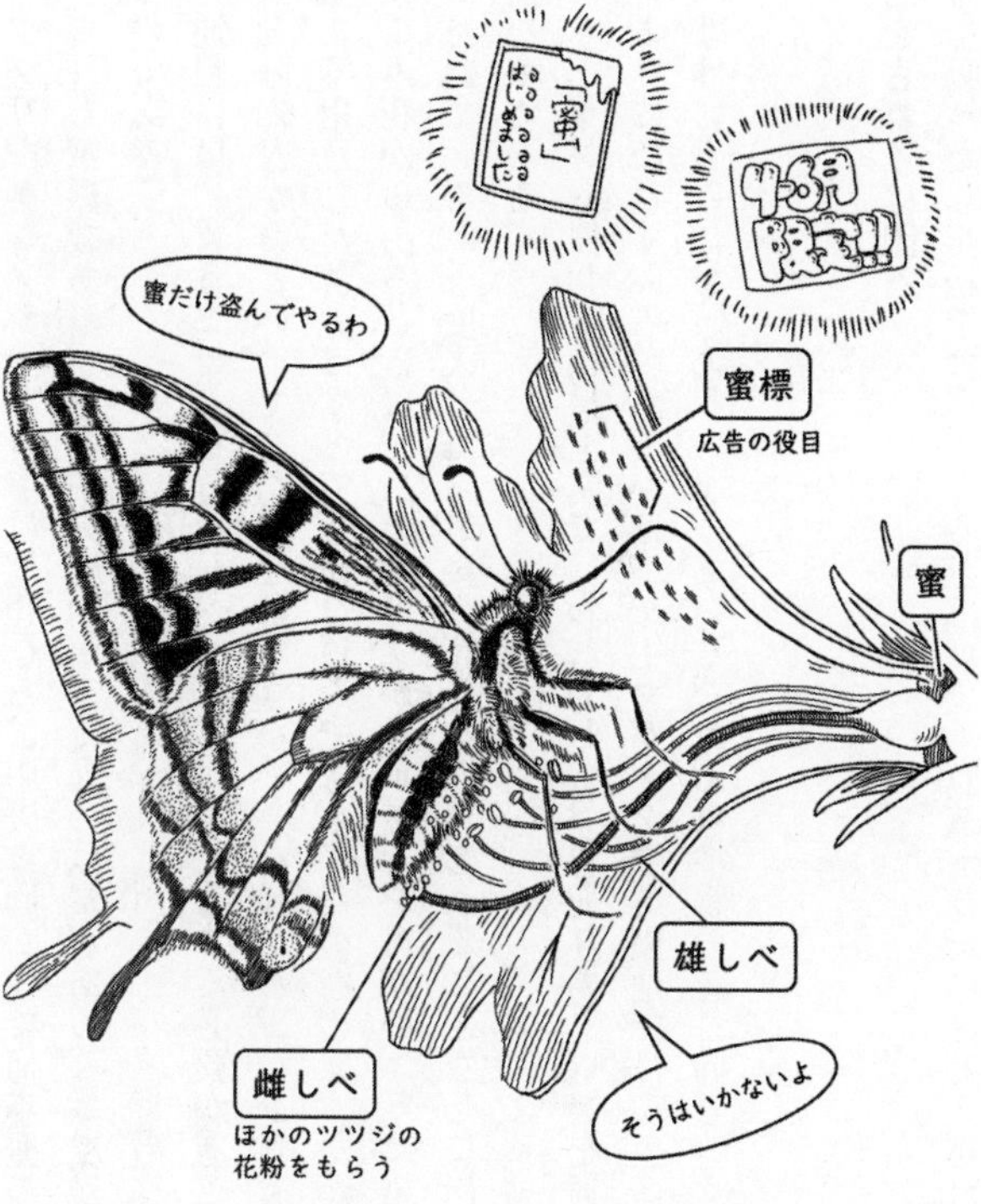
「蜜」はじめました
4-5月限定!!
蜜だけ盗んでやるわ
蜜標
広告の役目
蜜
雄しべ
雌しべ
ほかのツツジの
花粉をもらう
そうはいかないよ

オオイヌノフグリやゲンノショウコでは、花びらに中央に向かって何本もの線が描かれている。これも蜜標である。花の中央に向かって進めば蜜があることを昆虫たちに教えているのである。

蜜へと続く通路には、言うまでもなく雄しべや雌しべを配置する必要がある。サービス品で昆虫を呼んだからといってまだ安心はできない。なにしろ、花びらという看板で飾り、蜜まで用意した苦労はすべて花粉を運んでもらうためなのだ。だから、花の奥へもぐりこみ花から出るときに、ハチやアブが触れざるを得ないように雄しべや雌しべは配置されている。一度入ったら最後、花粉をつけられることなしに出てくることは不可能なのである。

デパートのバーゲンや催し物は最上階で行われていて、各売り場フロアを通らなければいけないようになっている。あるいは、テーマパークや遊園地ではお土産売り場を通らなければ外に出られないようになっている。みんな植物の花と同じつくりである。

昆虫に長居をされては困る

虫たちが蜜を吸ったり花粉を食べにくる花は、よくレストランにたとえられる。しかし、このレストランには悩みがある。花が昆虫を呼び寄せるのは食事をしてもらうためではない。食事をした代わりに他の花へ花粉を運んでほしいのだ。だから、いつまでも長居を決め込まれては困るのである。食べ放題の焼肉バイキングだって二時間までと時間制限がある。回転率が勝負のファストフード店は暖色系の色を店内に配色して、長居をさせないように工夫しているという。

さらに花には解決しなければならない難題がある。ただ立ち去ってもらうだけではすまない。花粉を持ってさらに次の花へ移動するように仕向けなければならないのだ。

「お客さん、いつまでいるつもりですか。そろそろ次の花に行ってもらわないと困りますよ。こっちだって慈善事業でやっているわけじゃないんですからね」

花に、それくらいはっきりと文句を言う度胸と器量があればよいのだが、「物言わぬ花」と評されるくらい植物は無口である。もしあなたが花だったら、どうするだろう。長居する困り者の客をどうやって花粉を運ぶ働き者に仕立て上げるだろうか。

まるでチェーン店

居酒屋やレストランを探すとき、知らない街ではチェーン店がなんとなく安心できる。知らない店に入ると高い値段を言われるかもしれないし、味も保証はない。チェーン店であればとびきり美味《おい》しいということはないかもしれないが、全国どこでもそれなりのサービスを期待できるからだ。

しかし、こんなチェーン店があったとしたら、どうだろう。居酒屋「花の屋」は料理も美味しく、酒の品揃《しなぞろ》えもいいと評判のチェーン店である。今日もさっそく「花の屋」目当ての客がやってきて、とりあえず、と生ビールを注文した。

のどが渇いていたこともあり、客はビールを一気に飲み干すと「生ビールもう一杯」とお代わりをしようとした。ところが、である。返ってきたのは意外な返事だった。

「あいすいません。あいにくすべてのドリンク類を切らしておりまして、今のが最後の一杯です」

「そうか。そういえば向こうの角にも花の屋の店舗があったな。仕方がない。あっちへ行って飲みなおすか」

いかがだろう。まんまと客は「花の屋」から「花の屋」へと同じチェーン店を渡り歩いたではないか。いやらしいことに、このビールを切らしたというお店、おそらく数分後には次の客のためにジョッキ一杯分のビールだけ補充することだろう。

花を訪れる昆虫たちにとっては、同じ種類の花は等しく蜜の量があるほうが、都合がいい。そうすれば蜜の量が多い花の種類を選べるのだ。ところが、花にとってはこれでは都合が悪い。昆虫を呼び寄せるためには蜜の量を増やさなければならないが、蜜の量を増やせばやってきた昆虫がお腹一杯になり、他の花へと移動しないのである。そこで、多くの植物は、蜜の量が多い花と蜜の量が少ない花を交ぜ合わせている。

ここのさじ加減が難しい。蜜の量が多い花は、昆虫が長居して移動しないという問題があるものの、あまり蜜の量が少ない花ばかりだとケチな店だと評判が落ちて他の花に客を奪われてしまう危険もある。

「花の屋チェーンは料理も美味しくてボリュームあるし、最高だよ。ただ店によって当たり外れは大きいけどね」

これくらいの評判を呼ぶのがちょうどいいのだ。昆虫はどこにあるともしれない優良な店舗を求めて、花から花へと飛び回る。

さすがに人間の世界ではこんな奇妙なチェーン店は存在しないが、この徒労感はどこかで覚えがある。そうだ、ばくちである。一度大勝ちした甘い蜜の味が忘れられずに、来る日も来る日も足しげくパチンコや競馬通い。まさに胴元の思うツボだ。しかしこれこそ、花から花へと飛び回る昆虫の姿さながらではないか。

咲き乱れる花々、花から花へと飛び回るチョウやハチ。こののどかな風景のなんとも身につまされることか。

花の色に隠された秘密

虫が好む色

今日は彼女の誕生日。プレゼントの花束は何色がいいだろう。やっぱり赤色だろうか。それともかわいらしくピンク色か黄色、あるいは大人っぽく紫色でシックに決めてみようか。

花屋さんの店先には色とりどりのきれいな花が並んで私たちを楽しませてくれている。ところが植物は、なにも人間を楽しませようとして花を咲かせているわけではない。花は虫を呼び寄せて花粉を運んでもらうために、植物が発達させた器官である。美しい花びらや甘い香りも、すべては虫たちにやってきてもらうためのものなのだ。いかにして虫の気を惹くか、その一念で花はより美しくあざやかに進化を遂げてきたのである。もちろん、花屋さんに並ぶ園芸用の花は、人間が改良を加えてさまざまな色の品種を作り出してきたものである。しかし、野に咲く花は種類によって花の色がおおよそ決まっている。そして、さまざまな花の色は、人間の好みではなく、虫の気を惹くためにコーディネートされたものなのだ。

実は虫も種類によってそれぞれ花の色の好みがある。私たちが花束で女性を口説こうとするよりもずっと前から、植物は美しい花で昆虫をものにしようと、さまざまなテクニックを用意してきた。植物は、口説きのテクに関して私たちよりもよほど経験豊かな大先輩なのだ。

この経験豊かな植物に学ばない手はない。そこで、植物の巧みな戦略から女性のタイプ別に口説き方を学んでみることにしよう。まずはタイプ分けのテストである。黄色、白、紫、赤の四色の花のうち、あなたの意中の女性は何色の花を選ぶだろうか。

春に咲く庶民派の黄色

虫たちの好みと照らし合わせてみると、黄色い花が好みの彼女はアブタイプ。白色が好みの彼女はコガネムシタイプ、紫が好みの彼女はミツバチタイプ、赤色が好みの彼女はチョウチョタイプということになる。

黄色い花から順番に見ていくことにしよう。黄色は春に咲く花に多い色だ。ナノハナやタンポポなど、春にはたくさんの黄色い花が咲く。黄色は春をイメージさせる色である。アブは春になるといち早く活動を始める。そのため、早春に咲く花はアブ好みの黄色をしているのだ。

人間にとって黄色は、暖かな春のイメージがあるのと同時に、軽くて安っぽいイメージがある。黒や紺などの暗い色に高級感があるのに比べると、明るい黄色はどこか庶民的だ。そのため黄色は安売りの広告によく使われる。外装から内装、買い物袋まで黄色一色のディスカウントストアがあったが、黄色い色に吸い寄せられるかのように人々がこぞって押しかけ大盛況だった。

黄色い花を好むアブも昆虫のなかではあまり高級なほうではない。アブの好みは単純でわかりやすい。だから安売りのちらしに飛びつくがごとく黄色い花へとやってくるのだ。

ところが、この手の客は移り気だ。とにかく黄色い花であれば節操なく飛んでいく。花が誘えば簡単に来てくれる点では気やすいが、あんまり尻が軽いのも考えものだ。花が虫を呼び寄せるのは花粉を運んでもらうためである。そのためにはナノハナに来たアブは別のナノハナの雌しべに花粉を運んでくれなければ困るのだ。同じ黄色だからといって、ナノハナの花粉を節操なく平気でタンポポなどの他の種類の花に運んでもらってもまったく意味がない。食事はごちそうになったけれど、そのあとのお楽しみは別の相手、ではなんのためにおごってやったのかわからないではないか。

そこで黄色い花は群生して一面に咲くことを考えた。近くに集まって咲いていれば、アブに浮気をする暇を与えない。花から花へ渡り歩いても、群生した花だけをまわって花粉を運んでくれるのだ。

黄色い花にならえば、アブタイプの彼女を口説くためには目移りさせないことが大切である。プレゼントを頻繁にしたり、マメに食事に誘ったり、とにかく次から次へと畳み掛けて、手放さないことだ。

不器用で誠実な白色

「あなた色に染まります」とバージンロードを白いウエディングドレスを着て歩くように、白は純粋なイメージの色である。もしかすると、白を選んだ彼女は融通が利かないマジメタイプではないだろうか。

昆虫界で白い花を選ぶのはハナムグリやハナカミキリなどのコガネムシの仲間だ。コガネムシは夏になると現れるので、夏の濃い緑の中では白い色が映《は》えて見えることもあるのだろう。

コガネムシはどちらかというと不器用な昆虫である。ハチやアブのように巧みな飛行技術を持っているわけではない。墜落するようにドスンと花に飛んできて、動きも軽やかというには程遠くノシノシと歩き回る。そんなコガネムシのために白い花は平たく咲いている。セリやノコギリソウなどの花を思い浮かべてもらうとわかるだろう。白い花は小さな花を平たく並べて、コガネムシが動きやすいように工夫しているのだ。

コガネムシは花粉を媒介する昆虫の中で、もっとも古いタイプの昆虫である。なにしろ、地球の歴史上、最初に花粉を運ぶ役割を買って出たのが、コガネムシの仲間なのだ。言ってみれば初恋の相手のようなものだろう。花が進化して甘い蜜を出したり、花びらで派手に着飾るようになるずっと前から、花とコガネムシとはまじめで一途《いちず》なお付き合いをしてきたのだ。だから、コガネムシの食べ物は蜜ではなく花粉である。甘い蜜の誘いには見向きもしないのだ。

そのため、蜜がべたついて花粉が食べにくくならないように、白い花は蜜がないことも多い。さらにはコガネムシが花粉を食べやすいように雄しべを突き出して並べている。まさに植物のほうも誠実さで勝負である。

だから野に咲く白い花は、甘い蜜の香りをさせるわけでもなく、美しい造形美の花を咲かせるでもない。凝った演出をするよりも、シンプルに飾り気なく咲いているものが多い。

誠実な白い花の上で、「あなた色に染まります」とばかりに、コガネムシは花の上を動きまわりながら花粉まみれになっていく。こうして見事に花粉は運ばれていくのである。

賢いハナバチが好む紫色

紫色は高貴な色だ。紫色を選ぶ彼女には最高のもてなしを考えなければならない。

昆虫界で紫色を好むのはミツバチなどのハナバチの仲間である。女王バチを中心に家族を構成するハナバチは社会性昆虫と言われ、昆虫の中では進化したグループである。まさに良家のセレブなのだ。

上流社会で生活しているだけあってハナバチはなにしろ頭がよく、マナーもいい。アブのように節操なく飛びまわることもなく、ちゃんと目的の花を選んで飛んでいくことができるのだ。これは花にとっては都合がいい。頭のいいハナバチは浮気することなく同じ種類の花を識別して花粉を運んでくれるのだ。さらに、ハナバチは体力があるので、遠くの花へ飛んでいく。そのため、紫色の花は黄色い花のように群生することなく一つ一つが離れて咲くことが可能になった。

しかも、アブやコガネムシのように自分の食い扶持《ぶち》だけ考えればいい昆虫と違って、家族を養わなければならないハナバチは働き者だ。花を訪れる頻度も多いし、花粉を運ぶ量が違う。人間にたとえれば家柄も良く、知的で働き者の女性。それがハナバチなのである。花にとっては得がたい最高級の相手と言えるだろう。

昆虫の能力を試す花たち

しかし、最高級のパートナーを自分のものにするためには、少し工夫が必要である。最近ではセレブに憧れて、安月給でも無理をしてブランド品を身にまとったり、背伸びをして高級レストランへ食べにいく女性も増えているという。紫色は確かに高貴な色である。しかし、ただ紫色が好きだからといって、高貴な女性であるとは限らない。紫色の花さえ咲かせていればセレブな女性をゲットできるという簡単なものではないのだ。だから、花にとっても高貴なハナバチとにせものとを見分けることが必要になる。そこで紫色の花は本物のセレブを見抜くためのいくつかのテストを用意している。

まず紫色の花を見ると複雑な形をしていることが多い。花は細長い構造をしていて、花の奥深くに蜜が隠されているのが基本の形だ。ハナバチはこの中にもぐりこんで蜜を吸うのである。簡単な仕組みに思えるが、これも昆虫の能力を試すテストだ。実はアブやコガネムシはバックをすることが得意ではない。細い場所へ頭をもぐりこませて入る勇気と後ずさりで花から出てくる技術。これがハナバチの持つ優れた能力である。細長く入り込む花の形はハナバチだけに蜜を与えるための工夫なのだ。

しかし、ただ細長いだけの花だと小さな虫が入ってくる可能性もある。そこで、さらなるテストを考え出したのがレンゲなどのマメ科の花だ。レンゲは小さな花がたくさん集まって咲いている。小さな花をよく見ると、縦に立ち上がった上側の花びらと、船底のような形をした下側の花びらがある。下側の花びらはふだん蜜への入り口をしっかりと閉ざしている。ところが、花にとまったハナバチが後ろ足で花びらを押し下げると、まるで自動ドアが開くかのように蜜のありかへの入り口が開かれる。入り口を開く仕組みを理解する知力と花びらを押し下げることのできる体力をあわせ持つ虫だけが蜜を吸うことが許されるのである。力の弱い小さなハチやアブは蜜にありつくことができないのだ。

レンゲばかりでなく、ハナバチをパートナーに選ぶ花の多くは、蜜のありかを巧みに隠して、知恵と力をテストしている。それらの花は蜜のありかや、蜜への入り口の開閉の操作部分に、ヒントになるような目印の模様をつけている。その模様を覚えれば蜜にありつけるというわけだ。まるで記号のボタンを押すとバナナが出てくるチンパンジーの学習機械のようだが、花と昆虫にとってはこれがパートナー選びの真剣なテストなのである。

こうして紫色の花は、真にセレブなパートナーを射とめるのである。苦労してハナバチを口説き落とした紫色の花にはもう一ついいことがあった。厳しいテストを経て甘い蜜を手に入れたハナバチは、同じテストで簡単に手に入る蜜を独占したくなる。だから、ハナバチは浮気することなく、同じ花を一途にまわって蜜を集めてくれるのである。こうしてパートナーを精査することによって、紫色の花は効率よく花粉を運ばせているのである。

チョウは手ごわい盗蜜家

赤色は情熱の恋の色である。赤色の花はどうだろう。

赤色を好む女性には気をつけたほうがいいかもしれない。昆虫で赤色を好むのはチョウである。実はチョウは植物にとって油断ならない相手なのだ。

ハナバチをセレブな女性にたとえたが、ハナバチのような地味な虫よりも、チョウのほうがずっとセレブの名にふさわしいように思える。なにしろ、蝶よ花よと人々に愛される虫である。その豪華さと美しさは他の虫けらどもとは比べ物にはならない。

しかし、きれいなバラには刺《とげ》がある。美しいチョウにも注意が必要だ。漫画『ルパンⅢ世』に登場する峰不二子はその美貌とセクシーな肉体で男たちをたぶらかしては財宝を手に入れていく。実はチョウもまた、峰不二子さながらの大泥棒なのである。

他の虫たちが花の中にもぐりこんだり、花の上を歩きまわったりして蜜を吸うのに対し、チョウは長いストローを伸ばして花から蜜を吸う。そのため体に花粉をつけることなく首尾よく蜜を吸うことができるのである。花がたっぷりの蜜を用意するのは花粉を運ばせるためだから、これではなんにもならない。そのためチョウは盗蜜家と悪口を言われている。

しかし、ルパンⅢ世が何度だまされても峰不二子の魅力に勝てなかったように、チョウの魅力をあきらめきれない花もあった。なにしろチョウは体が大きく飛翔《ひしょう》能力が高い。うまくチョウをパートナーにできれば、大量の花粉を一度に遠くまで運ぶことが可能になるのだ。

チョウの中でも大型のアゲハチョウは情熱の赤色を好む。そのためチョウをパートナーに選んだ花たちは赤色や橙色をしている。例えばユリやツツジなどの花がそうである。美しい女性はお金がかかる。チョウを選んだ花たちも少なくないコストを払って、チョウに見合うような大きく立派な花をつけ、豊富な蜜と甘い香りでチョウを惹きつけようとしたのである。チョウを呼び寄せるユリやツツジの花には、人間が舐《な》めても甘いくらい大量の蜜が用意されている。なんとも奮発をしたものだ。

植物の口説きテクニック

しかし、いくらパートナーに選んだといっても、チョウが本来は盗蜜家であることに変わりはない。そこで、ユリやツツジは雄しべや雌しべをこれでもかとばかりに前に突き出している。チョウがストローを伸ばしてもなんとか体に花粉をつけてやろうというのである。しかも花は横向きや下向きのものが多い。チョウにとってはなんとも吸いにくい向きなのだ。チョウはどうにかして蜜を吸おうと必死に羽をばたつかせる。そうしているうちに知らず知らず体に花粉がついていくのだ。

赤を好むパートナーは一癖ある。アゲハチョウのような彼女をモノにしようと思えばコストがかかることを覚悟しなければならないだろう。

植物はこうして意中の相手をなんとか自分のモノにしようと、相手の性格にあわせて、口説きのテクニックを発達させてきた。残念ながら、紹介したのは虫たちをターゲットにした植物たちの戦略である。植物がまんまと成功しているからといって、世の男性諸氏が必ずしも成功するという保証は一つもない。意中の彼女をどうやって口説くか。やはり最後は自分で考えるしかないだろう。

おそらくは植物たちも失恋を繰り返しながら、これだけのテクニックを身につけてきたのである。

すべては受粉のために

花粉をばらまく「風媒花」

春になると街は大きなマスクをした人であふれかえる。花粉症の季節である。中世の騎士を思わせるマスクをした人や宇宙服さながらのゴーグルをつけている人までいるが、それでも、くしゃみや鼻水、目の充血は収まらない。せっかくの春の陽気に、まったく外出できない人も少なくないだろう。花粉症は今や社会問題である。

この花粉症の原因として、もっとも知られている植物がスギである。天気の良い日には杉林から大量の花粉が飛び散るのだ。杉林の多いところでは雪のように車の上に花粉が降り積もる。ときには飛び散る花粉が山火事の煙と間違えられて消防署に通報されることさえあるという。この文章を読んだだけでもくしゃみの止まらない人もいるだろう。

スギの他にもヒノキやキク科のブタクサ、イネ科のカモガヤなどが花粉症の原因としてよく知られている。これらの植物は、いずれも風で花粉を運んで受粉する風媒花《ふうばいか》である。風まかせの花粉はどこへ飛んでいくかわからないので、首尾よく他の花にたどりつける可能性は限りなく小さい。事実、花どころか人間の鼻にやってくる花粉がたくさんあるくらいだ。そのため、効率の悪い風媒花はものすごく大量の花粉を作ってばらまかなければならない。顧客がどこにいるかもわからず、駅前で手当たりしだいに配るポケットティッシュが大量に必要なのと同じことだ。

スギは米粒大ほどの雄花一つが約四〇万個の花粉を持っていると言われている。この米粒大の雄花が一本のスギに数え切れないくらいついていて、さらにそのスギの木が数え切れないくらい山に植わっている。まさにスギの花粉の量は天文学的な数値で飛散していることだろう。しかし、それだけ飛ばしても無事にスギの雌しべにたどりつける花粉はごくわずかである。花粉症の方には申し訳ないが、スギの身になってみるとなんとも切ない限りだ。

虫に運ばせる「虫媒花」

駅前でめったやたらにティッシュを配るよりも、お得意様に箱入りティッシュを粗品としてあげたほうが合理的である。不特定多数にダイレクトメールを出すよりも、顧客名簿を作ったほうが安上がりだ。なんでもやみくもにやるのは無駄が多く、効率が悪い。

そこで、多くの植物が昆虫を仲立ちにして花粉を運ぶ方法を思いついた。風まかせで花粉をばらまく旧来の方法と比べると、昆虫に花粉を運ばせる方法は格段に効率がいい。

少し前までは、花粉症の原因としてセイタカアワダチソウが挙げられていた。しかし、これは濡れ衣である。セイタカアワダチソウの花は虫を呼び寄せるための黄色い花びらと蜜を持っている。つまり、セイタカアワダチソウは虫によって花粉を運んでもらう虫媒花《ちゅうばいか》なのである。虫に花粉を運ばせる方法は、風まかせな方法に比べればずっと確実だから、花粉の量ははるかに少なくてすむ。それに、虫に運んでもらうのだから、貴重な花粉を風で飛ばすようなもったいないことはしない。セイタカアワダチソウがところかまわず花粉をまき散らすことは考えられないのである。

一方、先述のスギやヒノキ、ブタクサ、カモガヤなど花粉症の原因として知られている植物は、いずれも風で花粉を運ぶ風媒花である。これらの植物は虫を呼び寄せる必要がないので、花びらはなく目立たないし、蜜も持ち合わせてはいない。そしてその代わりに、すべてのエネルギーを注いで桁違いに大量の花粉を生産するのである。

花はそれぞれ違うけれど、大量の花粉を風で運ぶ風媒花も、花びらで昆虫を呼び寄せる虫媒花も、思いは同じである。花粉を他の花の雌しべに届けたいという一心なのだ。動けない植物にとって、花粉を無事に送り届けることは簡単ではない。しかし、新しい生命の誕生のためには、なんとしても花粉を雌しべにたどりつかせて受粉しなければならないのだ。

ここでは、もっとも一般的な植物である被子植物を題材に、受粉の物語を見てみることにしよう。

官能的な花粉の恋

久しぶりにあった遠距離恋愛の恋人どうしが燃えるように、やっとの思いでめぐり合えた雌しべと花粉の出会いはドラマチックである。

成熟して花粉を待ちわびる雌しべの先端は、粘液でしっとりと濡れている。例えばユリの花を観察してみると、成熟した雌しべから滲出《しんしゅつ》する粘液はしたたり落ちんばかりだ。いよいよ愛しい花粉がやってきて刺激を受けると、雌しべは粘液をさらに滲《し》み出させてくる。「雌しべのほてった体が」とでも表現したいところだが、読者は大人だけとは限らないから、これくらいにしておくとしよう。

ただし、官能的な物語はまだ続く。雌しべに到着した花粉は、花粉管という長い管を出して伸ばす。そして花粉は、花粉管を雌しべにそっと挿入し、さらに管を伸ばしていくのだ。このとき、雌しべの先から滲み出ていた粘液は、花粉管が雌しべの中に入り込むのをスムーズにする働きもある。まさに人間のそれと同じだ。花粉が花粉管を出して雌しべの中に挿入していくことは、植物の種子が根を出す様子に似ていることから、「花粉管発芽」と呼ばれている。これはあくまでも植物の物語なのだ。

さて、官能的なのはここまで。これからは生命の神秘の世界である。雌しべの奥深くには、生命の元となる卵《らん》細胞がある。花粉はこの卵細胞を目指して伸びていくのだ。おもしろいことに、このとき卵細胞を目指す花粉管の数が多いと、花粉管の伸長は活発になるという。やはりライバルの数が多いと恋は燃えるものなのだ。

植物たちの命のドラマ

ところで、花粉管はどうやって卵細胞がある方向がわかるのだろうか。植物が根を伸ばすように重力に従って下へ伸びていけばいいかというとそうでもない。植物は上向きに咲くものばかりでなく横向きに咲く種類もある。あるいは花が風で倒れたりすることもある。必ずしも目指す卵細胞が下にあるとは限らないのだ。

卵細胞の両脇には助《じょ》細胞という細胞がある。実は助細胞がその名のとおり、恋のキューピッド役を買って出る。助細胞が放出する花粉管の誘導物質が、「こっちへおいで」と花粉管を招いているのである。その招きに導かれるように、花粉管は雌しべの奥へと伸びていく。ところが、この助細胞、卵細胞が受精に成功したのを見届けると、静かに消滅していくというから、なんとも健気だ。私ならばむしろ助細胞のほうに恋をしてしまいそうだ。

それはさておき、花粉と卵細胞のドラマもいよいよ最終章である。ついに、そのときが訪れたのだ。花粉管の先端が卵細胞に達したのである。花粉管は、卵細胞の中に入ると、やがて花粉が精核を放出し、そして卵細胞と受精を遂げるのである。花粉と雌しべとが結ばれた瞬間。まさにこのときこそ、植物にとっても次の世代の新しい命が芽生えたときである。これぞ生命の喜び、このときのために、風媒花は大量の花粉を飛ばし、虫媒花は懸命に美しい花を咲かせて、虫たちを呼ぼうとしたのである。やがて、この受精胚は雌しべの中で大切に育てられて、植物の種になるのである。なんという命のドラマだろう。

人間も植物と同じなのだ

雌しべにたどりつき、受粉する。たったこの一瞬のためだけに、植物は花粉を作り、花を咲かせ、大量の花粉を風に飛ばせたり、美しい花で着飾って虫を呼び寄せたりしているのだ。なんとも涙ぐましい限りである。子孫を残すことだけが植物の生きている目的とはいえ、まったく植物の生き方は刹那《せつな》的で空《むな》しいものだ。

それに比べて、私たち人類はどうだ。万物の霊長を自負する高等な生物である人間は、日々、知的なライフスタイルを満喫している。しかし、省みて本当のところはどうだろう。

私たちが生涯の中で淡い初恋をしたり、ラブレターを書いたり、必死の思いで告白をしたり、失恋して涙したり、異性の気を惹こうとおしゃれをしたり、エッチな本を買ったり、異性のアイドルにお熱を上げたり、ナンパしたり、合コンしたり、デートで映画を見に行ったり、ドライブに行ったり、見合いをしたり、最高のシチュエーションを設定してプロポーズをしたりしたのは、なんのためだったのだろう。これらもまた、とどのつまりは受精の瞬間、新しい命の誕生の瞬間のためだったとは言えないだろうか。

これぞ生命の根源。私たちの人生も、受精の瞬間のために少なからず若いエネルギーを費やしているのである。

植物の受精の表現がいささか官能的になってしまったのは、ご容赦願いたい。ただ、植物の受精のドラマは、それだけ私たち人間とよく似ている。植物も人間も、同じ生命を持っていることを感じずにいられない。

人間も植物も、地球上のすべての生命は、こうして命のリレーをつないできた。これぞ生命の神秘。私たちの生命の偉大さとは言えないだろうか。

植物を老化させるホルモン

植物に愛情は伝わる？

「かわいいね」「きれいだね」と毎日言っていると女性は美しくなるものらしい。「女房と畳は新しいほうがいい」などとうそぶいているよりも、奥さんに「きれいだね」と繰り返し言ったほうがいいだろう。

植物にもそんなエピソードがある。鉢植えの草花に「かわいいね」と毎日、声をかけて頭をなでながら育てたら、草丈も小さくかわいらしい花になったというものだ。まさか、と思うかもしれないが、この話は本当である。嘘《うそ》だと思ったら、今日から毎日、「かわいいね」と声をかけて、頭をなでながら植物を育ててみるといい。

だからといって、植物に人間の言葉や愛情がわかるのか、というとそうではない。実はこの話、言葉かけよりも、なでられたということがポイントになるのだ。植物はさわられたり、ゆすられたりといった物理的な刺激を受けるとエチレンという物質を放出する。エチレンは成長を抑制する作用があるので、なでられた植物はコンパクトな草姿になるというわけなのだ。

田んぼの周囲ではイネがやや小さくなっているのをよく見かける。これも風で茎葉《けいよう》が擦《す》れてエチレンが放出されるためである。あるいは温室の中では通路側にある植物が小さくなるという。これも人の行き来で茎葉が擦れるためである。

伸長を邪魔するものがあるのならば、無理に草丈を伸ばすよりも身を縮めたほうがいい。植物が成長を抑える理由はそんなこともあるのだろう。エチレンは細胞の伸長成長を抑制し、植物を小さく太くする作用がある。つまり「ちびデブ」にするのである。毎日なでられた植物は、その刺激で大きく育つことができなかったというわけなのだ。「かわいいね」と言われながら頭をなでられる毎日は、植物にとってどれだけストレスのたまる生活だったことだろう。

もちろん、あなたの奥さんに対して「かわいいね」と頭をなでても変わり果てた「ちびデブ」になることは決してないから、安心して言葉かけを実践していい。

別名「老化ホルモン」

「竜宮城から浜に戻った浦島太郎が玉手箱を開けると……」。ご存じ、浦島太郎の最後のシーンである。玉手箱から出てきた白い煙で、浦島太郎はおじいさんになってしまう。若者だった浦島太郎を老人にしてしまった白い煙の正体は明らかではない。しかし、植物にとっては玉手箱の白い煙のようなガスが存在する。それこそが、先述のエチレンである。

エチレンは植物体内で生産される植物ホルモンの一つであるが、その重要な作用は「老化」である。このためエチレンは「老化ホルモン」とも呼ばれている。

エチレンは意外なことがきっかけになって発見された。一九世紀、ヨーロッパではガス灯が使われていた。ところが、ガス灯の近くの街路樹が他の木よりも早く落葉してしまうという不思議な現象が起こったのだ。のちの研究によってその謎は解明され、ガス灯から発生するエチレンガスが、街路樹の老化を早めていることが判明した。現代でも、石油ストーブのそばに花を活《い》けておくと、花が長持ちせずに萎《しお》れてしまうことがあるというが、これも石油ストーブの燃焼ガスにエチレンが含まれるためである。

まさにエチレンは、みずみずしい植物を老化させる不思議なガスなのだ。

老化＝果実の成熟

誰だって歳はとりたくない。いつまでも若々しくいたいと願うのがふつうだ。それなのに、なぜ植物は自ら老いてしまうような老化ホルモンを持っているのだろう。エチレンの老化作用がもっとも効果的に働くのは、果実の成熟である。メロンやリンゴ、バナナなど多くの果実は自らエチレンを放出し、果実の成熟を進めるのである。

これらの果実は成長すると、あるとき呼吸が活発になり、エチレンを急激に産生するようになる。そして、果実の成熟が一気に進むのである。この現象は「クライマクテリック・ライズ」と呼ばれている。「クライマクテリック」は人間では、人生の曲がり角とでも言うべきときに使われる言葉だ。

植物の果実は実り熟すことが使命である。しかし、実り熟すことは同時に老化することをも意味している。「クライマクテリック」。それは果実にとっても大きな転換期である。決心したようにエチレンを放出した果実は、こうして自らを老いさせ、死出の旅を急ぐのである。

エチレンを利用した生活の知恵

エチレンは他の植物ホルモンと違って気体なので、かなりの曲者《くせもの》である。空気中に拡散して、他の植物に対しても少なからず影響を与えてしまうので、ときには思わぬ事件を引き起こしてしまうことがあるのだ。

船で送られてきたスイカが、熟しすぎてすべて腐ってしまった事件があった。この犯人は、なんといっしょに積まれていたメロンだったという。メロンから放出されたエチレンガスが、船倉《せんそう》内のスイカの成熟を早めてしまったのである。

メロンやリンゴなど、エチレン生産の多い野菜を不用意に冷蔵庫の野菜室などに入れてしまうと大変である。同じ野菜室の中の野菜や果物の老化を早め、鮮度を落としてしまうからだ。逆に、成熟を早めたいときにはエチレンを利用するといい。固いキウイを熟させるためにリンゴを一緒に入れるといいのは、リンゴから出るエチレンがキウイの成熟を早めるからである。

ところが一方では、リンゴとジャガイモを一緒に入れておけばジャガイモの芽が出ない、という生活の知恵もある。実は、これもエチレンの効果である。成熟を早めるはずの老化ホルモンが、ジャガイモではまったく逆の作用を示し、いつまでも歳をとらせないのである。

宮崎駿《みやざきはやお》のアニメ映画『もののけ姫』には、命を与えたり、奪ったりする不思議な能力を持つシシ神という神秘的な生物が登場する。「老化」をつかさどるエチレンの力も、どこか神秘的である。

老化を進めたり遅らせたりする以外にも、エチレンには実に多様な作用がある。そういえば、なでられた植物を「ちびデブ」にする作用もあった。なぜ、同じ物質が逆の効果を示したり、まったく異なる作用を示すのだろうか。

エチレンは植物の信号

エチレンは炭素二個と水素四個という、きわめて簡単な化学構造をしている。この単純な物質が、なぜ植物に多様な作用をもたらすことができるのだろう。それはこれらの現象が、エチレンそのものの化学的な作用によるものではなく、植物自身がエチレンを信号として行動しているからである。

「赤い色」について考えてみよう。赤い色自体に人を動かす作用はない。しかし、我々の社会では赤い色が多様な意味と働きを持っている。例えば、信号機が赤くなると車や人は一斉に止まる。それは交通信号では赤い色が「止まれ」の合図だからである。一方、カレンダーで赤く書かれた日は、祝祭日である。だから、カレンダーを見て赤い色になっていれば学校も会社も休むだろう。あるいは、サッカーで審判から赤い色のカードが出されれば、それは退場の印である。選手は黙ってピッチを後にせざるを得ない。このように、同じ赤い色でも、人々は場面によってまったく別の行動をする。もし、人間を宇宙から観察している異星人がいたとしたら、こう思うに違いな

リンゴ玉手箱で
野菜室はウラシマ効果!?
(ジャガイモだけ逆)
エチレン
H H C=C H H
モクモク
ヨボ
ヨボ
ヨボ
ヨボ
CoCOooo~N

い。「どうして赤色は地球人にさまざまな作用を引き起こすのだろう。赤色は実に不思議な色だ」。

植物も同じである。植物にとってエチレンは信号である。この信号を受けて植物は自らの機能を調節しているのである。だから、受け手の植物の種類や時と場合によってまったく別の作用を起こしたとしても、なんら不思議はないのだ。

腐ったミカンの方程式

人気の学園ドラマ『3年B組金八先生』の中で「腐ったミカンの方程式」なるものが登場する。「箱の中に腐ったミカンがあると、他のミカンもダメになる。だからできの悪い生徒は排除しなければならない」というものだ。

腐ったミカンがあると、他のミカンも腐ってしまうのは本当である。腐ったミカンから発生する大量のエチレンが、他のミカンの成熟を早め、結果的に腐らせてしまうのである。悪いのは腐ったミカンではない。エチレンだったのだ。

「箱の中にエチレンがあると、他のミカンもダメになる」

腐ったミカンの方程式は、腐ったミカンをエチレンに置き換えると正しい記述になる。最近では、植物から放出されるエチレンを取り除き、野菜や果実の鮮度を保つ保存方法も利用されている。

しかし、それではエチレンがあまりにかわいそうだ。あえてエチレンの名誉のために言っておこう。なにも腐らせるだけがエチレンの作用ではない。芽の出ない球根や種子などに作用して、これから成長しようとする若い芽を出させる教育者のような役割も、エチレンの重要な役割の一つなのである。

紅葉が赤く染まる理由

濡れ落ち葉の思い

秋はどこか物悲しい季節である。一枚、また一枚と枯葉が風に舞い落ちる。そんな落ち葉に自分の人生を重ね合わせてセンチメンタルになる人もいるだろう。

落ち葉も風に舞っているうちはいいが、雨でも降ると大変だ。行き場のない落ち葉が濡れてべたべたとまとわりつく。雑踏に踏まれゆく濡れ落ち葉の姿はあまりにも悲しい。しかし、落ち葉たちも、ほんの少し前までは木の上で赤く紅葉していた季節があった。木々の葉は散る前にあざやかに紅葉する。紅葉の美しさは格別である。秋には色とりどりの紅葉が私たちを楽しませてくれる。

燃え尽きる前のろうそくの炎が一瞬のきらめきを見せて激しく燃えるかのような紅葉の赤は、美しくそして切ない。真っ赤に染まる紅葉もまた、命の炎を燃やし尽くそうとしているのだろうか。葉の一生の最後をあざやかに彩る紅葉には、いったいどんなドラマが隠されているのだろう。

夏はフル稼働で光合成

それにしても緑の葉っぱが、あんなにもあざやかな赤色になるのは不思議である。

植物にとって葉は、光合成を行う重要な器官である。光合成とは、太陽エネルギーを利用して二酸化炭素と水から植物が生きていくための糖分を作り出す生命活動のことで、光合成は葉っぱの中の葉緑素によって行われる。葉っぱが緑色をしているのは、葉緑素が緑色だからなのだ。葉緑素は、二酸化炭素と根から葉に運ばれた水を原料に、せっせと糖分を作り出し、できあがった糖分は葉から茎へと運ばれる。葉は植物にとって糖分の生産工場のような存在なのである。

植物の葉は、とくに夏の間が忙しい。工場の動力である太陽エネルギーはふんだんにある。二酸化炭素と根から送られてきた水を原料に、生産工場はフル稼働で糖分を作り出すのだ。まるでバブル期の工場生産を思わせるような活気である。

ところが、好景気はいつまでも続かない。やがて暑い夏は終わりを告げ、いつしか涼しい秋風が吹き始めるのだ。日差しは日に日に弱くなり、昼の時間も短くなる。夏の炎天が嘘のように太陽エネルギーが不足する。気温の冷え込みは光合成の効率も低下させ、生産の減少に拍車をかける。根の動きも鈍り、水の量も不足しがちだ。フル稼働で働いた生産工場も夏の日のはかなき夢。気温は回復の兆しも見せず、生産性は低下の一途《いっと》である。厳しい冬は、間違いなくそこまで来ているのだ。

ついに葉の生産工場は赤字収支に転落した。生産性は落ちているのに、葉の維持コストは同じようにかかる。それどころか、葉からは水分が蒸発して貴重な水分を浪費する。完全なお荷物の存在になってしまったのである。

厳しい冬を乗り切るために

寄らば大樹の陰、とばかりに木の枝についていたたくさんの葉はどうなるのだろうか。出された結論はリストラである。植物にとって長引く冬の時代を耐えるためには、貴重な栄養分や水分の浪費はわずかであっても許されない。かくして生産工場としての価値を失った葉は、閉鎖の憂《う》き目から逃れられなくなってしまったのである。

出向の幹部社員が本社に戻り、資産価値のある備品が本社に引き取られるように、葉っぱにあった目ぼしいタンパク質はアミノ酸に分解され、木の幹に回収されてしまう。いよいよリストラが近いようだ。

今日か明日かと覚悟はしているものの、そのときはある日突然、訪れた。ついに植物は、葉の付け根に「離層《りそう》」という水分や栄養分を通さない層を作ったのだ。つまり、本社からの原料供給や資金の支給をストップしてしまったのだ。もはや水分も栄養分も葉に供給されることは金輪際《こんりんざい》ない。

「離層……」。これまで頑張ってきた葉っぱにとってなんという冷たい響きの言葉だろう。どこか「りすとら」という発音に似ているところも切ない。こうして、いらなくなった葉っぱはコスト削減の名のもとに、簡単に切り捨てられてしまうのである。

ところが葉の生産工場は、どこまでも健気である。水分と栄養分の供給を断たれているにもかかわらず、限られた手持ちの水分と栄養分を使って光合成を続けていくのだ。もちろん、どんなに頑張ってみても、作られた糖分が茎に送られることはない。茎と葉の間は離層という厚い壁によって遮られているのだ。行き場を失った糖分はやがてアントシアンという赤い色素に姿を変えていく。

なぜアントシアンが形成されるのか、実のところは明らかではない。しかしアントシアンは、植物のストレスを和《やわ》らげる働きがあることが知られている。ストレスというのはなにも現代人だけの専売特許ではない。植物もさまざまな環境のストレスを受けて生きている。そして今、本社から見捨てられ、下がりゆく気温の中で糖分の生産を続ける小さな生産工場が、どれだけのストレスを受けているか、想像できるだろうか。

葉緑素が壊れて「紅葉」

矢尽き刀折れ、と言うのだろうか。離層を作られた後も光合成を続けた葉の中の葉緑素が、やがて低温によって壊れていく。もはや糖分を作る生産の術さえ失ってしまうのだ。このとき、葉っぱに変化が起こる。今まで葉を緑色に保っていた葉緑素が失われたことによって、葉にたまっていたアントシアンの赤い色素が目立つようになるのだ。

「葉っぱが色づいてきたねぇ」

人々が、赤々と色づく紅葉を見て秋の深まりを感じ始めたそのときこそ、生産工場としての葉の灯《とも》し火《び》が静かに燃え尽きようとしているときなのである。そして夏の頃、緑色だった葉は美しい赤色に色づくのだ。

紅葉の赤は、本社に切り捨てられた後に必死の思いで作られたアントシアンという遺産の色だ。夏の間、働きに働き、栄養分を稼ぎに稼いだ末のリストラ。

「こんなに働いたのに、見捨てるのか」

その思いが強ければ強いほど、紅葉はその色を濃くするのだ。

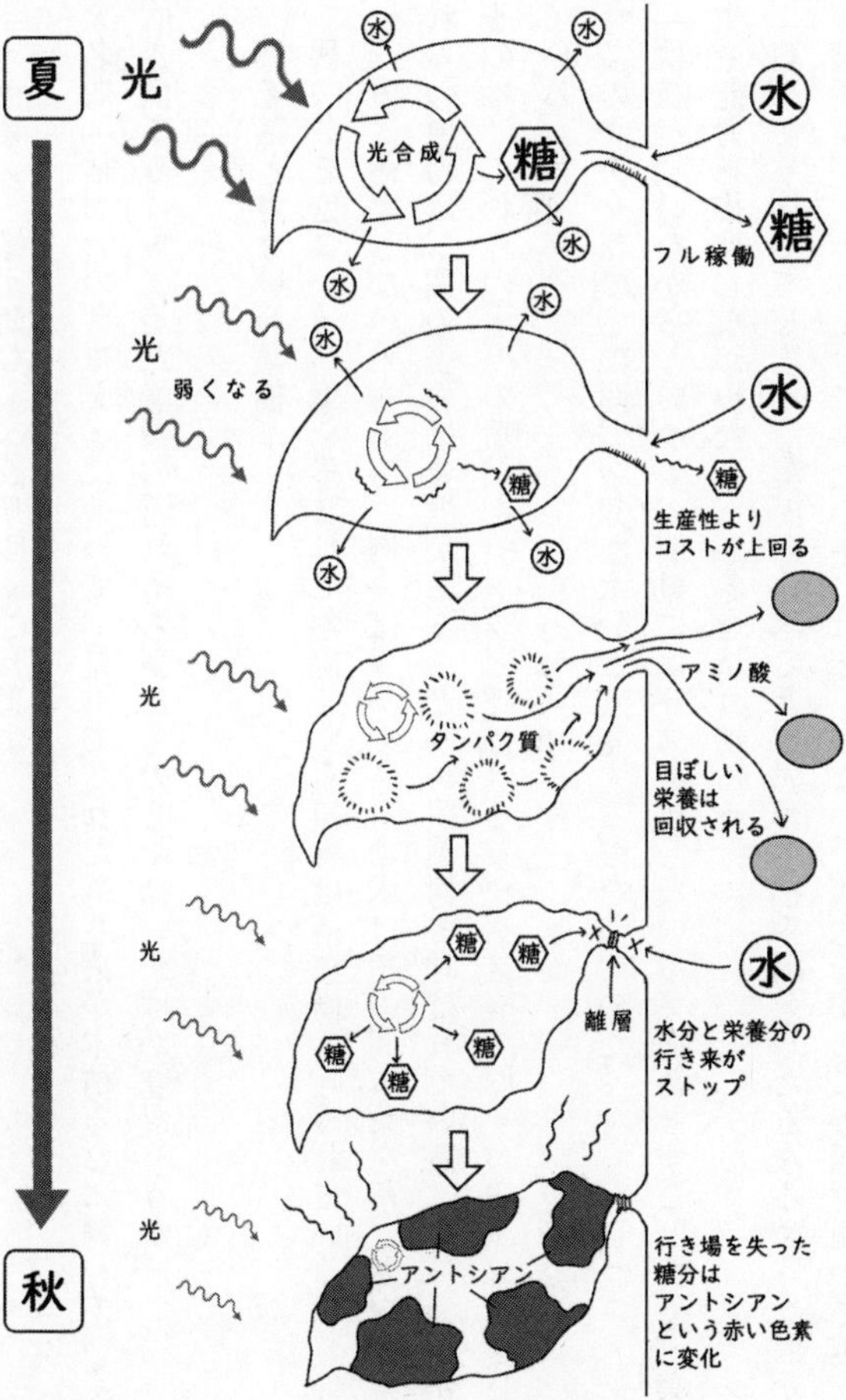
夏
光
水
水
水
光合成
糖
糖
水
水
フル稼働
水
光
弱くなる
水
水
糖
糖
水
水
生産性より
コストが上回る
光
アミノ酸
タンパク質
光
目ぼしい
栄養は
回収される
光
糖
糖
水
離層
糖
糖
糖
水分と栄養分の
行き来が
ストップ
光
アントシアン
秋
行き場を失った
糖分は
アントシアン
という赤い色素
に変化

離層のメカニズム

枯葉よ　絶え間なく　散りゆく　枯葉よ

名曲「枯葉」のメロディにのって、見捨てられた落ち葉が木枯らしに舞っていく。吹き溜まりに集まった無数の濡れ落ち葉たちの心中はいかばかりだろうか。

葉を落とさない照葉樹

秋に葉を色づかせ、葉を落として冬越しする植物は落葉樹と呼ばれている。

一方、落葉しない木もある。例えばカシやクスの木は冬の間も葉を落とさない。これらの植物は、葉の表面に光沢があることから照葉樹と呼ばれている。葉に光沢があるのは、これらの木々の葉がクチクラと呼ばれるワックス層で厚くコーティングされているためである。

このクチクラで冬の間、余分な水分が蒸発するのを防ぐのだ。

「秋風が吹いたからといって、簡単にはリストラしない。葉を落とすことなく、葉の生産能力を維持しながらなんとか冬を乗り切ろう」

葉を切り捨ててしまう落葉樹に比べると、思わず拍手喝采したくなるような温かな照葉樹だが、それだけに冷たい冬にはそぐわない。残念ながらこの照葉樹の冬越し法は、寒さの厳しくない暖かな地方では通用するものの、寒い地域では通用しない。そのため、照葉樹は日本で南の地域を中心に分布しているにすぎない。より厳しい寒さを乗り切るためには、いらなくなった葉を効率よく落とす落葉樹のほうが、より適応したシステムなのだ。

針葉樹・マツの経営哲学

マツの木も冬の間も葉をつけている植物の一つである。あたり一面に雪が積もっても、濃い緑を保つマツの木の姿を見かけることがあるだろう。

マツの葉も照葉樹と同じように葉をクチクラで固くコーティングしている。さらにマツは葉っぱの形を針のように細長くすることで、葉の表面からの水分の蒸発を防いでいる。

ただし、細い葉は光を受けて光合成をするにはいかにも効率が悪い。紅葉するタイプの落葉樹に比べると、マツのような針葉樹はずいぶんと古いタイプの植物であると言われている。夏も冬も同じ葉をつけているよりも、稼げる夏に葉をたくさんつけて、いらなくなったらリストラするほうがずっと合理的なのだ。

しかし、厳しい冬の間も葉を落とさないマツは、古来より不老長寿のシンボルとされてきた。松竹梅の筆頭に挙げられているのが、ほかならぬマツの木である。結婚式によく歌われる「高砂《たかさご》」もマツを称えた歌だし、春を待ちわびる正月には門松を飾る。厳しい寒さの中で葉をつけて青々としているマツの木に、人々は尊敬と畏怖の念を抱き続けてきたのだ。

「松」の文字で思い出すのは、かの松下電器産業を一代で築き上げた松下幸之助氏の言葉である。氏は、こんな言葉を残している。

「一人の人間もクビを切ってはいけない。そうでなければ松下電器が残る意味がない」

確かに古い考え方なのかもしれない。しかし、さっさと落葉した現代風の木々たちに聞かせてやりたい、なんとも重みのある言葉ではないだろうか。

植物の冬の過ごし方

植物の正しい姿勢

冬の時代と言われるようになって久しい。「冬来たりなば、春遠からじ」とは言うけれど、春を待ちわびながら、冬の時代を生き抜くことは簡単ではない。

冬をどう過ごすか。植物にとってもこれは重要な問題である。冬の時代を確実に生き抜いたものだけが、勝者を礼賛するかのような、うららかな春の光を浴びることができるのだ。植物はいったいどうやって冬を過ごしているのだろうか。ここでは道ばたの草にスポットを当てて見てみることにしよう。

私たちは寒いときどうするだろう。木枯らしの吹くさむーいさむーい冬の朝、多くの人が背中を丸めて前かがみの姿勢で歩いている。これは、寒い外気に当たる部分をできるだけ減らす姿勢である。つまり、表面積を小さくしているのだ。体積当たりの表面積がもっとも小さい形は球である。「猫はコタツで丸くなる」と歌にあるように、寒さを防ぐためには、球形をして表面積を小さくするのがもっともいい。

しかし、そうは言っても植物がネコのように丸くなっているわけにはいかない。植物が生きていくためには太陽の光が必要だ。そして、太陽の光を受けようとすれば、どうしても葉を広げなければならないのだ。しかし、葉を広げれば寒さをまともに受けてしまう。かといって、葉を丸めていれば光は受けられない。寒さを避けながら、太陽の光を受ける。この一見、矛盾する条件を満たすためには、どのような妙案があるのだろうか。

理想の冬越しスタイル

ドレスにつけるバラの花のような形の胸飾りをロゼットという。ロゼットとはバラの花を意味するローズに由来する言葉である。うつむきながら、凍《い》てついた道を歩いていると、まるでバラの花びらのように、地面の上に放射状に葉を広げた植物を見つけることができるだろう。このスタイルこそが草本《そうほん》植物の有名な冬越しのスタイルである。胸飾りのロゼットに似ているため、この冬越しスタイルもロゼットの名で呼ばれている。

ロゼットの茎はごくごく短く、ほとんどないように見える。その短い茎に葉を密につけて、地面にぴったりとつけているのである。外気に当たる面積は葉の表側のみ。葉の裏側は暖かな地面で守られている。外気に当たる面積は最低限なのだ。そして、葉は無駄に重ならないように放射状に広げ、最大限の効率で光を受けるのである。

このロゼットは、冬越しのスタイルとして相当機能的なのだろう。さまざまな植物がこのスタイルを選択し、見かけはよく似たロゼットを作って冬を越している。キク科のタンポポもアブラナ科のナズナも、アカバナ科のマツヨイグサも、オオバコ科のオオバコも。およそ花が咲けば似ても似つかないさまざまな種類の植物が、冬の間は、見かけがそっくりなロゼットを作っているのだ。おそらくは試行錯誤の上、それぞれの植物が進化して同じ形に行き着いたのだろう。

地下深く伸びる根っこ

光を受けながら寒さを避ける理想的な形、ロゼット。しかし、ロゼットの秘密はそれだけではない。

タンポポコーヒーというものをご存じだろうか。これはタンポポの根っこから作るコーヒーである。家庭でも作ることができるのでぜひ試してはいかがだろうか。タンポポコーヒーの作り方はけっして難しくないが、タンポポの根を手に入れるのは少し大変である。なにしろタンポポの根っこを掘ってみようとしても、掘り出すのは簡単ではないのだ。実はタンポポのロゼットの下には、ゴボウのような太くて長い根っこが地面の奥へ伸びているのである。

このゴボウを細かく切って干したものを焙煎《ばいせん》するとタンポポコーヒーができる。ほろ苦い香りに根っこを掘りあげた苦労も手伝って、なんとも言えない味わい深い一杯となるだろう。

実は、この太くて長い根っここそがロゼットの秘密である。ロゼットは、ただ地面にひれ伏して寒さに耐えているだけではない。いっぱいに広げた葉に受けた太陽エネルギーで光合成を行い、地面の下の根っこに蓄えていたのだ。

冬のさなかでの光合成。しかし、意外にもその能率は悪くないという。

光合成の能力は酵素による化学反応なので、気温が低くなると光合成の速度は遅くなる。夏の太陽の下での光合成に比べると生産性の低下は免れないのだ。しかし、気温が高い夏は光合成量も多いが、呼吸の量も激しくなる。せっかく稼いだ栄養分を呼吸によって消耗してしまうのだ。収入も多いが、支出も多いため生活は言うほど楽ではない。働いた割には分が悪いということになる。

一方、冬はどうだろう。確かに光合成量は少ないが、気温も低いので呼吸の量も抑える。少ない収入でも支出も少ないので、コツコツ働けば働いた分だけ手元に残る。利益率は悪くないのだ。

傍目《はため》には寒風を耐え忍んでいるだけに見えるロゼットが、実はせっせと光合成を行って根に栄養分を蓄えているのである。

冬こそ攻めの季節

冬の寒さを乗り切るもっとも安全な方法は種子である。なにも冬の寒いときに地面の上に葉を広げる必要はない。ヘビやカエルと同じように暖かな地面の下で冬越しをしていれば、寒さもやり過ごすことができる。

それでもなお、地面の上に葉を広げて頑張ろうというロゼットがある。なぜだろう。春の来ない冬はない。やがて、つらかった冬も終わり、暖かな季節が訪れる。そのとき、じっと耐え忍んでいたかに見えたロゼットの株たちは、蓄えたエネルギーで茎を伸ばし、一気に花をつけることができるのだ。

土の中で安全に冬を越した種が芽を出したとしても、花を咲かせるまでには相当の時間がかかる。これに対してロゼットたちは、春の訪れとともにいち早く、花を咲かせることができるのである。しかも、冬の時代の頑張りが、そのまま春の成功になる。

寒さの中でたくさんの栄養分を蓄えた株ほど、大きく成長し、たくさんの花を咲かせることができるのだ。

もし、冬がなかったとしたらどうだろう。ロゼットは他の植物に先駆けて花を咲かせることができただろうか。冬があるからこそ、ロゼットを形成する植物は他の植物に対して優位な立場に立つことができたのだ。そう考えると、ロゼット植物にとって厳しい冬の時代はけっして耐え忍ぶものではない。成功するために不可欠な、勝負の季節なのである。

地球を背負う生き様

ロゼットこそ、冬の時代の究極の過ごし方。さあ、落ち込んだときは手足を投げ出して、ロゼットのように地面に寝転んでみることにしよう。

厳しい風はあなたに吹きつけることなくあなたの上を通り過ぎていく。体いっぱいに感じるのは太陽から降り注ぐ暖かな光だ。背中には大地のぬくもりが伝わってくる。そして、視界いっぱいに広がるのは、あまりにも広く、あまりにも高く透き通った空の青だ。こうしていると、体の奥底から力が湧《わ》いてくるような気がする。もしかすると、これがロゼットの気持ちなのだろうか。

大の字になって寝転んでいるとき、誰かがこう言ったことがある。「僕らは今、地球を背負っているんだなぁ」。大地に寝転ぶことは、宇宙空間で上下を逆にしてみれば、地球を背負っていることにほかならない。地べたに張りついているわけではない。地球を背負う壮大な生き方、それがロゼットなのだろうか。

ロゼットは冬の寒さに逃げることなく、冬の時と向き合って生きる道を選んだ。そして、ついには冬の寒さを味方につけ、「成功のためになくてはならないもの」にまでしたのである。冬の時代と言われるようになって久しいが、せめて私たちも、春に備えてしっかりとエネルギーを蓄えるとしようではないか。ロゼットは知っている。春の来ない冬はないのである。

植物が出すフィトンチッド

山はなぜ青いのか?

昔、「青い山脈」という歌がはやったが、そのとおり遠くに見える山並みは青く見える。はるかに望む青々とした山並みは、なんとも言えず美しい。

それにしても、遠くに見える山はなぜ青いのだろう。山は木々に覆われているから、近くで見れば山は緑色である。ところが遠く離れると、不思議なことに緑色ではなく、青い色になってしまうのだ。

遠くの山が青く見えるのは、光の作用によるものである。

太陽光が空気中の微粒子にぶつかって散乱すると、波長の短い青い光ほど強く散乱される。空が青く見えるのはそのためである。遠くの山が青く見えるのも、同じ理屈だ。山から来る反射光が長い距離にわたって大気の中を通るために、青い散乱光が見えるのである。

ちなみにタバコの煙が青く見えるのも、煙の粒子に太陽光が当たって青い光が散乱するためだ。

ところが、である。遠くにあるわけでもないのに、山が青く見える怪現象が世界中で報告されている。「ブルーマウンテン」と呼ばれる現象である。青いもやがかかったように見えるその不思議な光景ゆえに、これらの地域は古くから神聖な特別な場所としてあがめられてきた。

香り高く味わい深いコーヒーとして知られるブルーマウンテンの名は、原産地ジャマイカ中央部に位置する山の名前に由来する。このブルーマウンテンは、その名のとおり、青みがかって見えるのだという。

どうして、ブルーマウンテンは緑色ではなく、青色に見えるのだろう。

森を満たすもの

ブルーマウンテン現象も太陽光の青色光が散乱することによって起こる。実は、これらの山々の周辺では微粒子が高い密度で浮遊している。そのため、近くで見ても山が青く見えるのである。

しかし、疑問も残る。どうして、これらの山々の周辺だけ微粒子が多く浮遊しているのだろうか。その正体が「フィトンチッド」と呼ばれるものである。フィトンチッドとは植物から体外に放出される成分の総称である。ブルーマウンテンと呼ばれる山の周辺には深い森があって、森の木々からさまざまな化学物質が大気中に揮発されている。これらの化学物質が空気中の微粒子と同じ働きをして、森の上に青く美しい霞《かすみ》を作り出すのである。

ブルーマウンテンはとくにフィトンチッドの発生が激しい地域で見られる現象だが、フィトンチッドの発生自体はごく一般的な現象である。私たちの身近な森でも木々はさまざまな物質を大気中に放出しているのだ。

毒を放出する森

宮崎駿のアニメ映画『風の谷のナウシカ』では腐海《ふかい》と呼ばれる不思議な森が登場する。舞台は文明社会が崩壊した千年後の未来。人間に汚染された大地に広がる腐海の植物は瘴気《しょうき》の毒を出している。森の瘴気を吸えば肺は腐り、命はない。腐海の森は人々を寄せつけない恐ろしい存在なのだ。物語では、わずかに生き残る人類が広がりつつある腐海の毒におびえながら生きているのである。

そんな恐ろしい未来の森と比べると、現代の森は実に恵み豊かだ。森の空気はとてもすがすがしいし、深呼吸すれば心身ともにリフレッシュした気持ちにさせられる。実はこれらの作用も森の木々から発せられるフィトンチッドによる効果だろうと考えられている。

ところが、森の木々がフィトンチッドを出すのは、なにも人間の健康を考えてのことではない。フィトンチッドはロシアの研究者によって名づけられた用語で、その意味は、ラテン語で「植物」を意味する「フィトン」と「殺す」を意味する「チッド」の合成語である。その実は、なんとも恐ろしい言葉なのだ。

もともとフィトンチッドは、植物からの揮発成分によって、植物から離れた場所に置いた微生物が死滅する現象から発見された。植物にとって昆虫や病原菌は大敵である。そこで植物は、昆虫や病原菌などを寄せつけないようにさまざまな毒性の物質を大気中に放出している。実は、それがフィトンチッドである。

なんのことはない。現代の森も、未来の腐海の森と同じように毒を出していたというわけなのだ。人工衛星からの地球の写真を見ると、アマゾン流域や、中央アフリカ、東南アジアなどの森林地帯には青いもやが漂っているのが見えるという。森全体がフィトンチッドの毒で包まれているのである。

毒と薬は紙一重

しかし、現代の森が私たち人間を寄せつけないか、というとそんなことはない。それどころか、毒に満ちあふれているはずの森の中で、人々は心身ともにリフレッシュするのだから、なんとも不思議だ。

これにはいくつかの理由が考えられている。一つには森の空気が浄化されるためである。フィトンチッドは害虫や病原菌を寄せつけない。そのため、雑菌も少なく人間にとって害のある病原菌も排除されているのである。

さらには、ホルミシス効果の可能性も考えられる。「ホルミシス」とは、ギリシア語で「刺激する」という意味である。

フィトンチッドの毒は人間を殺すほどの大きな力はない。しかし、人間にとって刺激剤となる作用はある。つまり、人間の体は弱い毒の刺激を受けて、生命を守ろうと防御態勢に入る。その緊張感が生きるための能力を活性化し、私たちに活力を与えてくれるのである。

車を運転しているとき、ぶつかりそうになってヒヤリとすると、眠気は吹っ飛び、運転に集中できるようになる。交通事故を起こすような大きなアクシデントはダメージだが、小さなアクシデントは本来持っている能力を発揮するための適度な刺激となるのだ。毒と薬は紙一重、毒も少量飲めば薬になるのである。実際に、植物が微生物や昆虫を殺すために蓄えた毒成分の多くが、人間にとっては薬草や漢方薬の薬効成分として利用されている。

森林浴をすると、フィトンチッドの刺激を受けて、眠っていた体の中のさまざまな機能が目を覚まし活性化する。実際にがん細胞を退治するナチュラルキラー細胞の活性や免疫グロブリンの量が増加するなど、免疫力が著しく高まるという。森の中でリラックスしながらも、人間の体の中では、フィトンチッドに対する臨戦態勢を整えているのかもしれない。

都会は人間が作った森

フィトンチッドによって森の空気は浄化され、人間の活力は高まる。しかし、それだけでは説明がつかないことも多い。例えば森林浴は自律神経を安定させて精神をリラックスさせ、脳波のα波を出させる。あるいは、森の緑は現代人の疲れた目を休ませる。フィトンチッドによる臨戦態勢とは相容《あいい》れない癒しの作用が、森には確かにある。

森で人間がこんなにも癒されるのは、人間が遠い昔、森の住人であったことと無関係ではないだろう。私たちに深く刻まれた遠い記憶が、森に対してなにか特別な思いをさせるのではないだろうか。

ジャングルの森から草原へ進出したサルが、われわれ人類の祖先だと言われている。彼らはやがて二本足で歩き、火を使い、道具を作るようになった。そしてついには街を作り、自動車や電車を走らせて、コンクリートジャングルと呼ばれる人工の森を作り上げたのである。

意外なことに、都会の人工的な環境は森林とよく似ているらしい。その証拠に、深い森に住むはずの生き物たちが、都会に進出してそれなりに居心地よく暮らしているのである。都会で問題になるハシブトガラスは、ジャングルクローの別名のとおり本来は森林性のカラスである。ハシブトガラスが都会であれだけ繁栄しているのも、ビルが林立した環境が森林によく似ているからだと言われている。山野を飛び回るはずのタカやワシさえも、最近では断崖絶壁のビルの谷間を飛び回っているという。都会に生きる人類も、しょせんは森の住人にすぎない、ということなのだろうか。

しかし、コンクリートの森に満ち溢《あふ》れるものはフィトンチッドではない。私たちを取り巻くものといえば、車から無造作に排出される有害な排気ガスや車や電車の騒音、飛び交う携帯電話の電波やエアコンの室外機からの熱風くらいだろうか。都会の空を包む光化学スモッグのもやは、空を青くするどころか、灰色に濁らせるだけだ。都会の空気の中で人々は癒されるどころか、ストレスをためる一方だ。とても深呼吸することはできない。排気ガスや電波の中で人々は永遠に癒されることはない。たまには自動車や携帯電話を置いて、森へ出かけてみるのも悪くないだろう。

それにしても、腐海の毒に苦しむ千年後の未来の人々は、文明社会を謳歌《おうか》する我々現代人をどう思うだろう。まさか、腐海の森のほうがよっぽどマシだと思わなければいいのだが。

現代に残る古代植物

植物学者が興奮する木

海外の植物学者を市内観光に連れ出したときのことである。日本庭園へ行っても、神社仏閣を見せても、ほとんど興味がないらしく、終始つまらなそうな様子で、案内役を買って出た私はすっかり困り果ててしまった。

ところが、である。

「ぜひ、ここで記念写真を撮ってくれ」

と彼が興奮した口調でそう叫んだ場所がある。そこは駐車場の脇に植えられていた一本のイチョウの木の前であった。その木の前で写真を撮ってくれ、というのだ。往来の人々が不思議そうな視線を浴びせていく中、私はイチョウの木の前でポーズをとる彼の写真を撮った。満足げにファインダーにおさまった彼の満面の笑顔が忘れられない。

なぜ、彼がこれほどまでに興奮したのか。実は日本ではありふれたイチョウだが、欧米ではあまり目にすることはない。しかも、イチョウは「生きた化石」としてよく知られた植物なのである。

誰だって旅先でシーラカンスにお目にかかれば興奮するだろう。彼にとって日本のイチョウはまさにシーラカンスに匹敵する値打ちものだったのである。

イチョウは生きた化石

イチョウの仲間が二億年前の恐竜時代に繁栄していたことは、化石が証明している。しかし、イチョウの仲間の多くは、絶滅をとげた恐竜と運命を同じくするように姿を消してしまった。そして、ただ一つ生き残った末裔《まつえい》が、現在われわれが目にするイチョウなのである。イチョウは恐竜と同じ時代を生きていた古い植物なのだ。

イチョウが「生きた化石」であると言われても、あまりに身近な植物なので、すぐにはピンとこないだろう。しかし、イチョウは間違いなく古代植物の特徴を残している。

例えば葉を見てみよう。一般的に植物の葉は、真ん中に本線となる太い葉脈が一本通っていて、そこから分かれた細い葉脈が支線になっている。すみずみまで水や養分を届けるように太い葉脈と細い葉脈とが計画的に設計されているのだ。

ところが、イチョウは違う。扇形をしたイチョウの葉を見ると、一本の葉脈が二つに分かれ、その葉脈がさらに二つに分かれて、先端に行くにしたがって倍々に葉脈の数を増やしていく。ちょうどトーナメント表を逆さにしたような構造になっているのだ。つまり、どこを見ても、一本の葉脈が二つに分かれる基本構造の繰り返しで、役割分担がないのである。これでは、根元から流れる水は、先端にいくほど少なくなってしまう。イチョウの葉は東京都のマークに使われているが、大都会のシンボルとは思えない非効率な配水システムなのである。

しかし、誰にだって若かりしときはある。古臭いと言われる古代植物のイチョウも、デビューしたばかりの古生代には実に画期的な新型の植物だったのだ。

陸上への進出が進化の鍵

タイムマシンに乗って、植物の進化の歴史を振り返ってみることにしよう。地上に植物が現れたのは約四億年前。その時代の主役はシダ植物である。当時は、ツクシやワラビに似た数十メートルもある巨大なシダ植物が深い森を作っていた。

しかし、シダ植物には欠点がある。シダの生殖には水が不可欠なのである。シダの胞子《ほうし》は発芽すると、前葉体という小さな植物体を形成する。やがて前葉体では精子と卵子とが作られ、精子が水の中を泳いで卵子に到達し、受精するのである。精子が泳いで卵子にたどり着く方法は、生命が海で誕生した名残である。もちろん、進化の頂点にあると自負している人間でさえも、同じように精子が泳いで卵子と受精する。生物が進化する上で克服すべき課題は、生命誕生の根源である海の環境をいかに陸上で実現するかにあったのだ。

地上に進出を果たしたシダ植物も、精子が泳ぐ水が必要なために、水分のあるジメジメとした場所でないと増えることができなかった。その結果、大繁栄したシダも勢力範囲は水辺に限られ、広大な未開の大地への進出は果たせなかったのである。

そこに華麗に登場したニューフェイスが、イチョウなどの裸子《らし》植物である。イチョウは陸地への進出を可能にする画期的な生殖システムを考案したのだ。

よく知られているようにイチョウにはオスの木とメスの木とがある。オスの木で作られた花粉は風に乗り、メスの木のギンナンにたどり着いて内部に取り込まれる。そして花粉はギンナンの中で二個の精子を作るのである。花粉がやってきたことを確認してから、ギンナンは四カ月かかって卵を成熟させる。このときイチョウは、ギンナンの中に精子が泳ぐためのプールを用意する。そして卵が成熟すると精子が用意されたプールの水の中を泳いで卵にたどり着くのである。

海水浴や川遊びにいつも出かけられるわけではないから、手近な庭にプールを作ってしまったような感じだろうか。この外国の大金持ちのような発想によって、イチョウは水辺でなくても精子を泳がせて生殖することを可能にした。そしてついにイチョウは、乾いた土地に森を作ることに成功したのである。

スピーディな受精

しかし、当時は画期的だったシステムも現代となっては古臭い過去のものとなっている。この懐古的なシステムを現代も採用しているのは、古いタイプの植物である裸子植物の中でさえもイチョウとソテツくらいである。

その他の裸子植物は、もう少し改良を加えた新しいシステムを採用している。ここでは代表的な裸子植物であるマツの例を見てみよう。マツは春に新しい松かさを作る。これがマツの花である。松かさのりん片が開いたとき、宇宙船が巨大な母船に格納されるSF映画のワンシーンのように、微細な花粉が開いた松かさの中へ侵入する。すると、やがて重い扉で閉ざすかのように松かさが閉じるのだ。この松かさは翌年の秋まで開かない。松かさの中は何者も立ち入ることのできない閉鎖空間となるのである。

そして、松かさの中で長い月日をかけて卵と精核が形成され、やっと受精が行われるのだ。

マツは卵に付着した花粉から、花粉管という管が出て、その中を精核が通って受精する。つまり精子は泳ぐことなく受精することが可能になり、水が必要なくなったのだ。「受精には泳ぐための水が必要」という長年の常識を覆した、驚きのシステムを考案したのである。

ただし、まだ改善すべき問題は残されていた。花粉が到着してから卵が成熟を始める裸子植物のシステムは、注文を受けてから鰻《うなぎ》をさばく老舗の鰻屋と同じで、とにかく時間がかかる。雄大な時間の流れの中にあった恐竜時代ならまだしも、スピーディな現代にはそぐわないのだ。やはりファストフードのハンバーガーや牛丼のように客が来る来ないにかかわらず、先に商品を作ってストックしておくほうが現代的である。

現代ではごく当たり前のそのシステムを開発したのが、被子《ひし》植物と呼ばれるグループである。イネやキクなど、今日われわれが目にするほとんどの植物は、被子植物である。

被子植物は雌しべの奥であらかじめ卵を成熟させている。花粉が到着したときには、受精の準備が完了しているのだ。そのため、花粉は到着するなり、すぐさま花粉管を伸ばし、卵に精核を送り届けて受精を完了することができる。この間、わずか数分から長いものでも数時間。これまで一年以上もかかっていたことを考えると、革新的なスピードである。被子植物のこの受精法は植物界にセンセーションを巻き起こした。約一億年前のことである。

受精の期間が短くなったことで、受精の成功率は高くなった。しかもこの技術革新はさらに大きな効果をもたらした。スピーディな受精の実現によって世代交代は格段に早まり、飛躍的な進化のスピードが可能になったのである。

被子植物が恐竜を絶滅させた？

被子植物が出現した後、地球の歴史上、もっとも謎に満ちた大事件が起きている。あれだけ繁栄を極めた恐竜が絶滅してしまったのだ。

恐竜絶滅の要因については百家争鳴、さまざまな説が考えられている。巨大な隕石《いんせき》の衝突によって巻き上げられた粉塵が地球環境を寒冷化させたとする説が今のところ有力だが、被子植物の進化も恐竜の絶滅に少なからず影響を与えたことが指摘されている。

被子植物の獲得したスピーディな進化に、裸子植物を餌としていた恐竜が追いつけなかったのだという。被子植物は世代交代を進めながらあらゆる環境に適応し、その分布を広げていった。被子植物が繁栄するほど、恐竜の餌である裸子植物は減少していく。恐竜たちは餌場を失い、生息範囲を急速に狭めていったことだろう。

もちろん、被子植物を食べるように進化した恐竜も出現した。子どもたちに人気の恐竜、トリケラトプスは草丈の低い被子植物を餌とするように進化したニュータイプの恐竜であると考えられている。しかし被子植物の進化の速度は、恐竜の進化を確実に上回っていた。被子植物の多くがあざやかな進化を果たし、毒成分を獲得したのである。

現代でも原始的な特徴を持つ被子植物には有毒植物が多い。被子植物が毒性物質を獲得した理由については、よくわかっていない。しかし、少なくとも被子植物の毒は恐竜に甚大な被害をもたらしただろうと考えられている。人間などの哺乳動物は毒性のあるものを「苦味」と認識して拒絶するが、爬虫類は毒性物質に対して鈍感なことが知られている。恐竜も有毒植物を識別できずに、大量に摂取してしまったのではないだろうか。恐竜時代末期の化石を見ると、器官の異常な肥大や卵の殻が薄くなるなど、中毒と思われる深刻な生理障害が見られるという。そういえば、恐竜が現代によみがえるSF映画『ジュラシック・パーク』でもトリケラトプスが有毒植物による中毒で横たわっているシーンがあった。

代々続いた老舗が、めまぐるしい時代の変化に追いつけなかったように、恐竜もまた、被子植物がリードする進化についていけなかったのである。そして、時代に乗れなかった恐竜はしだいに衰退への道を歩んでいったのである。

昆虫、動物、鳥との同盟

古い時代を終焉《しゅうえん》させた被子植物の著しい進化は、一方で新しい時代を切り開いた。被子植物は蜜で昆虫を呼び寄せ、花粉を媒介させる。この植物の進化によってチョウやハチなど蜜を餌にする新しいタイプの昆虫が生まれ、植物の進化に促されるように昆虫も多様な進化を遂げた。

さらに被子植物は、胚珠《はいしゅ》を守っていた子房《しぼう》の新たな利用法を思いついた。子房を肥大させて果実を作り、動物や鳥に餌として与える代わりに種子を運ばせるようになったのである。

自然界は食う食われるが、厳しい掟《おきて》。植物を食いあさった草食恐竜は肉食恐竜に食い殺され、その肉食恐竜をさらに巨大な恐竜が食い殺す。そんな殺伐とした自然界で、植物は、昆虫や動物、鳥と現代の生態系の基礎となる相利共生のパートナーシップを築いたのである。そして、この同盟関係のもとに、植物と、昆虫、動物、鳥は共に進化し、繁栄を遂げて現代の豊かな生態系を作り上げてきたのだ。

この同盟を結ぶために植物がしたことに注目してみたい。まず蜜や果物などの魅力的な贈り物を先に施《ほどこ》した。そして、その代わりに花粉を運んでもらったり、種子を運んでもらったりした。つまり、自分の利益より相手の利益を先に与えることで、双方に利益をもたらす友好関係を提案したのである。

「与えなさい。そうすれば、あなたがたにも与えられるでしょう」。これが進化の過程で植物が実践した思想なのだろう。この教えが聖書に記されるはるか一億年も前に、植物はこの真理に気がついていたのだから、なんともすごいものだ。

緑の惑星を作った植物の素顔

植物は環境の破壊者だった

核戦争後の地球。豊かな大地は放射能で汚染され、人類は滅亡の危機にさらされた。わずかに残った人類は放射能の届かない地中深くに逃れ、生き延びるよりほかない。人類のいなくなった地上には、充満した放射能からエネルギーを吸収するように進化を遂げた新たな生物が地上を支配しつつあった。まさにSFの世界。しかし、これとよく似た話がかつて地球に起こったのである。まさか、古代文明が地下に逃れて地底人となったという話ではあるまい。実はこれこそが、植物誕生の物語なのである。

植物は地球の生命の源である。多くの生き物は植物が作り出す酸素によって生かされている。さらに、植物は生態系の食物連鎖のもっとも基盤をなしている。植物を食べた草食動物を肉食動物が食べる。あらゆる動物は植物なしには生きられないのだ。

ところが、その植物こそが、かつて地球の環境を破壊し激変させた恐ろしい生物だったと言ったらどうだろう。信じられるだろうか。

ときは、およそ三六億年前。かつて地球には酸素がほとんど存在しておらず、おそらくは金星や火星などの惑星と同じように、大気の主成分は二酸化炭素だったと考えられている。しかし、そんな地球にも生命は息づいていた。当時の地球の住人は小さな微生物である。酸素のない地球に最初に誕生した小さな微生物たちは、硫化水素を分解してわずかなエネルギーを作って暮らしていた。微生物たちにとって、つつましくも平和な時代が続いたのである。

酸素は毒性物質？

しかし、その平和な日々を乱す事件が起こった。光を利用してエネルギーを生み出すこれまでにないニュータイプの微生物が現れたのだ。彼らこそが、光合成を行う最初の植物プランクトンである。

光合成は光のエネルギーを利用して、二酸化炭素と水からエネルギー源の糖を生み出すシステムである。この光合成によって作り出されるエネルギーは莫大《ばくだい》である。まさに革新的な技術革命が起こったのだ。ただし、光合成には欠点があった。どうしても廃棄物が出るのである。光合成の化学反応で糖を作り出すとき、余った残りが酸素となる。酸素は廃棄物なのだ。こうしていらなくなった酸素は植物プランクトンの体外に排出されていったのである。もちろん、公害規制もない時代だから、酸素は垂れ流し状態だ。当時ほとんど酸素がなかった地球だったが、目に余る植物プランクトンの光合成活動によって、しだいに大気の酸素濃度は高まっていったのである。意外に思われるかもしれないが、植物によって作り出される酸素は、もともとはあらゆるものを錆《さ》びつかせてしまう恐ろしい毒性物質である。鉄や銅などの頑強な金属でさえも酸素にふれると錆びついてボロボロになってしまうほどなのだ。もちろん、生命を構成する物質も、酸素にふれると錆びついてしまう。大気中の酸素濃度の増加は、まさに生命を危機にさらす環境汚染である。現代なら深刻な環境破壊として問題になるところだ。

さらに、大気中に放出された酸素は地球環境を大きく変貌させる結果を招いた。酸素は地球に降り注ぐ紫外線に当たるとオゾンという物質に変化する。植物プランクトンによって排出された酸素は、やがてオゾンとなり、行き場のないオゾンは上空に吹き溜まりとなって充満した。こうして作られたのがオゾン層である。まさに地球環境を大改変してしまったのだ。

ところが、このオゾン層は生命の進化にとって思いがけず重要な役割を果たした。

かつて地上には大量の紫外線が降り注いでいた。紫外線はしみやそばかすの原因となるので「お肌の大敵」と世の女性から敬遠されているが、そんな生易しいものではない。紫外線にはDNAを破壊する作用があり、生命を脅かすほど有害なものなのである。殺菌に紫外線ランプが使われるのもそのためだ。

ところが、オゾンには紫外線を吸収する作用がある。上空に作られたオゾン層は、地上に降り注いでいた有害な紫外線を遮ってくれるようになったのである。これまで紫外線が降り注ぎ、生命が存在できなかった地上の環境は一変した。

そしてついに、海の中にいた植物は満を持してやがて地上へと進出を果たすようになったのである。植物にしてみれば、自らの廃棄物によって生息場所が広がる結果となったのだから、こんなにうまい話はない。言わばゴミで海を埋め立てて、ニュータウンを作ってしまったようなものなのだ。

創造者か、破壊者か？

地上に上陸を果たした植物は、勢いを増して繁栄し、光合成活動によってますます酸素を放出する。大気中の酸素濃度は高まるばかりだ。

しかしその一方で、それまで地球で繁栄していた微生物の多くは酸素のために死滅してしまったことだろう。そして、わずかに生き残った微生物たちもまた地中や深海など酸素のない環境に身を潜めて、ひっそりと生きるほかなかったのである。

ところが、である。酸素の毒で死滅しないばかりか、酸素を体内に取り込んで生命活動を行う生物が登場したのである。まさに毒食らわば皿まで、だ。酸素は毒性がある代わりに、爆発的なエネルギーを生み出す力がある。言わば諸刃の剣なのだ。

危険を承知で、この禁断の酸素に手を出した微生物は、これまでにない豊富なエネルギーを利用して、活発に動きまわることができるようになった。さらには豊富な酸素を利用して丈夫なコラーゲンを作り上げ、体を巨大化することも可能になったのだ。

SF映画で描かれる核戦争後の地球。莫大なエネルギーを持つ放射能で生物は巨大化し、凶暴な怪獣となる。しかし、酸素によって巨大化し、活発になった当時の生物も、SF映画の怪物さながらの存在だったことだろう。

猛毒の酸素を吸収して生きる恐るべき生命体。実は、これこそが酸素呼吸をする私たち人類の遠い祖先である。この微生物は、酸素で汚染された大地で繁栄し、その後、著しく進化を遂げた。植物が空気中に排出した猛毒の酸素を、おいしそうに深呼吸する人間という怪物を、地中に逃れた微生物はどんな思いで見ていることだろう。

歴史は繰り返される

植物の放出した酸素による環境破壊の末に形成された、現代の地球環境。ところが、その地球環境が今、再び変貌を遂げようとしている。今度は人間が放出する大量の二酸化炭素がその原因だという。

私たち人類はものすごい勢いで化石燃料を燃やして大気中の二酸化炭素の濃度を上昇させている。そして私たちの放出したフロンガスは、かつて酸素から作られたオゾン層を破壊している。そして地上に広がった森林を伐採し、酸素を供給する植物を減少させている。

生命三八億年の歴史の末に進化の頂点に立った人類が、二酸化炭素に満ち溢れ、紫外線が降り注いだ生命誕生以前の古代の地球の環境を作りつつあるのだから、なんとも皮肉なものだ。酸素のために迫害を受けた古代の微生物たちは、再び時代が巡ってきたことを地中の奥深くでほくそ笑んでいるだろう。

植物が大きく改変させた地球でも、生命はたくましく進化を遂げ、豊かな生態系を築き上げた。確かに、人類による環境破壊も、地球の悠久の歴史の中で見れば取るに足らない小さな変化なのかもしれない。ただ、一つ気がかりなのは、私たち人類が犯しつつある現代の環境の変化は、これまで地球が経験したことのないくらいあまりに急激なことである。古代の海に生まれた植物プランクトンが酸素をまき散らし、オゾン層を作り上げるまでに三〇億年の歳月を費やした。さらに地上に進出した植物が酸素濃度を上げるまでに六億年の歳月が必要だったのである。人類による環境破壊は、たかだか百年単位で引き起こされている。この環境の変化のスピードに、生物たちの進化が追いつけるとはとても考えられない。

いったいなにが起こるのか。もはや誰にも予想はできないだろう。ただひとつ確実に言えること。それは、たとえいくらかの生物が地球に生き残るとしても、人類は間違いなく生き残れない、ということだけなのだ。

知恵の樹にかくれた以下の文字を、さがせ！
①葡萄　②馬の鈴草　③蟻　④アブラムシ　⑤エンドファイト　⑥赤の女王
⑦枝豆　⑧根粒菌　⑨トロイの木馬　⑩雑草　⑪黄金比　⑫フィボナッチ
⑬アサガオ　⑭イチジク　⑮ミツバチ　⑯ツツジ　⑰C_2H_4(エチレン)　⑱モミジ
⑲アントシアン　⑳ロゼット　㉑タンポポ　㉒イチョウ

あとがき

植物の世界の冒険はいかがだっただろうか。

植物は不思議な存在だが、その驚きに満ちた生き方を垣間《かいま》見ると、なおさら不思議な存在に思えてしまう。

口もきかず、動かない植物たちだが、その生き方は実にダイナミックである。敵と戦って身を守り、逆境を乗り越え成長を遂げる。そして、花を咲かせ実を結び、次の世代に生命をつないでいく。植物も私たちと同じように、ストレスや困難に立ち向かいながら、日々の生活を送っている。植物だって頑張っているのだ。

植物も人間も、同じ生命を持つ存在である。人間とは姿も形もまったく違う植物だが、その生き方にはなんとなく共感できる部分もあったのではないかと思うが、いかがだろうか。本書を読んで、身のまわりの植物に対してこれまでにない親近感を感じてもらえたとしたら、著者としてこんなにうれしいことはない。

ところが、よき隣人である植物たちにとって、最近の世の中はずいぶんと生きづらくなっているようである。

大規模な伐採によって地球上の森林が驚くべきスピードで失われている。大気汚染は硫酸や硝酸《しょうさん》を含む酸性雨となって降り注ぎ、緑豊かな木々の生命をみるみる奪っている。環境破壊や乱獲によって、多種多様な植物が絶滅の道をひた進んでいる。悠久の時間をかけて進化した「植物の生き方」が、今まさに失われつつあるようなのだ。しかも、それが私たち人間の仕業なのだという。人は植物なしに生きられない存在であるのに、なんとも業《ごう》が深い話だ。

本書のまえがきで、「植物は逆立ちした人間である」というアリストテレスの考えを紹介した。一方、プラトンはこんな言い方をしたという。

「人間は逆立ちした植物である」

プラトンは言う。人間には神様に与えられた理性がある。だから理性をつかさどる頭が天上の神に近い一番上にある。つまり、植物が大地に根ざした存在だとすれば、人間は天に根ざした存在なのだ。

人間は理性ある存在である。私たちには考えるべき脳もあるし、行動すべき確かな手と足もある。私たち人間はなにを考え、なにをすべきなのか。「植物の生き方」を知った今、問われるのは「人間の生き方」なのかもしれない。

本書で紹介した植物の生き方は、多くの植物学者の地道な研究や観察によって明らかにされたものばかりである。研究成果を参考にさせていただいた研究者の方々に深謝したい。人類の英知と科学の進歩がなければ、これほどまでに植物の生き方が明らかにされることはなかっただろう。植物もすごいが、やっぱり人間もすごい。しかし、それでもなお植物の生き方は未知の部分が多い。これからも人類は植物の不思議に迫り続けることだろう。

植物学というとなんだか無味乾燥で難しそうな印象を持ってしまう人が多い。植物にまったく興味がない人でも楽しく読める植物の本を作りたい、この本はそんな思いで作られた。本書のきっかけを与えてくれたのはPHPエディターズ・グループの森本直樹さん。森本さんの本作りにかける情熱には多くを教えられ、また有益なアドバイスをたくさんいただいた。石田とをるさんには、植物の不思議な世界を多彩なイラストで表現いただいた。著者を含めたこの三人の思いが一つになって、ここにすてきな本ができあがったと思っている。

また、文庫化にあたっては朝日新聞出版の日吉久代さんにご尽力いただいた。お礼申し上げたい。

稲垣栄洋

ちくま文庫版のためのあとがき

この本が最初に出版されてから、この文庫になるまで一八年の歳月が過ぎた。

この間に樹木たちは、一八本の年輪を刻んだことになる。一本足りないこともなく、一本余分なこともなく、間違うことなく一八本の年輪である。

桜の花は、間違うことなく一八回、花を咲かせた。一七回でもなく、一九回でもなく、一八回である。森の木々は一八回、紅葉し、一八回、葉を落とした。

この一八年間、人間の世界ではさまざまな出来事が起きた。しかし、植物の営みは何も変わらない。その生き方も変わらない。

一八年経った今、私は改めてこう思う。

植物の生き方はやっぱり偉大だ。そして、本当に不思議な存在なのだ。
またちくま文庫に収めるに当たっては、筑摩書房の吉澤麻衣子さんにご尽力をいただいた。お礼を申し上げたい。

二〇二三年三月　　稲垣栄洋

参考文献

浅野義人・青木孝一編『芝草と品種』ソフトサイエンス社、1998
デービッド・アッテンボロー著、門田裕一・小堀民恵・手塚勲訳『植物の私生活』山と溪谷社、1998
石川統編『アブラムシの生物学』東京大学出版会、2000
伊藤操子『雑草学総論』養賢堂、1993
稲垣栄洋『雑草の成功戦略』NTT出版、2002
稲垣栄洋『身近な雑草の愉快な生きかた』ちくま文庫、2011
菊沢喜八郎『植物の繁殖生態学』蒼樹書房、1995
ジョン・メイナード・スミス、エオルシュ・サトマーリ著、長野敬訳『生命進化8つの謎』朝日新聞社、2001
多田多恵子『したたかな植物たち』ちくま文庫、2010
田中修『ふしぎの植物学』中公新書、2003
畜産草地研究所「ネオティフォディウム・エンドファイト――その不思議な生態と世

界・日本での取り組み」畜産草地研究所研究資料第7号、２００５
Ｂ・Ｐ・トーキン・神山恵三『植物の不思議な力＝フィトンチッド』講談社、１９８０
農林水産省技術会議事務局　研究成果３９２「新形質付与のためのエンドファイトの機能解明」２００２
増田芳雄『植物生理学』培風館、１９７７
山下正男『植物と哲学』中公新書、１９７７
山田哲治・島本功・渡辺雄一郎監修『分子レベルからみた植物の耐病性』秀潤社、１９９７
H.G. Baker. The evolution of weeds. Ann.Rev.Ecol.Syst.5:1-24, 1974.
Herms, Daniel A. William J. Mattson. The dilemma of plants: To grow or defend. Quarterly Review of Biology. 67, 283-335. The University of Chicago Press, 1992.

解説　植物を知り、人を知る

鈴木純

ある日、筑摩書房さんから連絡をいただいた。稲垣栄洋さんの新刊の解説を書いてほしいという。これは嬉しい。そう思い、二つ返事で引き受けた。稲垣さんが書く植物の本を、僕は好きだ。それに関わることが出来るなんて光栄だ。

さっそく、出版に先駆けてゲラを送っていただく。夢中で一気に読み終えてパソコンを立ち上げた。そして、すぐにこんなことに気が付いてしまった。

はて。解説。それって、なにをすればいいのだろうか。と。

なぜなら、稲垣さんはもう解説しているのだ。この本で。植物のことを。しかもこれ以上ないほどに分かりやすく。かつ、面白く。この内容に、僕が付け加えられることなどなにもないではないか。いきなり困ってしまった。

だがしかし、何かを書かねばならぬので、一旦パソコンを閉じ、もう一度ゲラを読み直すことにした。すると、ふと、こんな素朴な疑問が立ち上がってきた。そもそも、どうして稲垣さんの本は、こんなにも人の興味をひくのだろうか。

稲垣さんの実力には遠く及ばぬまでも、僕も植物の本を書く仕事に恵まれた人間だ。植物を伝えることが、どれだけ難しいことか重々承知しているつもりである。まずもって、植物は動かない(と、一般的には思われている)。虫や鳥のように、向こうが積極的に動いてくれるのならまだいいが、植物を面白がるには、観察する人間自身が積極的に動いたり、想像力を働かせる必要がある。実際に植物を目の前にして、手触りや香りを確かめたりすることができる観察会ならやりようがあっても、これを本で伝えるのは至難の業だ。

なので僕は、植物の本を書く時には写真を多く使用することにしている。ひとつの植物を、遠くから見たり、近付いて見たり、上から下から後ろから、その対象を見る視点をどんどん変えて提示していく。そうすることで、本という形でも、読者に植物観察を疑似体験してもらうことが出来る。そうした考えから、たった三〇種の植物を紹介するために、五〇〇枚以上もの写真を使って本作りをしたことさえある。

これを、分かりやすく伝えるための工夫だと言えば聞こえはいいかもしれないが、じつはこれは横着な方法だとも言える。なぜなら、写真を使うと、言葉での説明を省くことが出来るのだ。今回、ゲラを読み直してみて、僕が改めて驚いたのがこの点だ。稲垣さんは、この本のなかで、言葉だけを使って植物を説明していく。それにもかかわらず、ものすごく分かりやすい。なぜそんなことが可能なのだろうか。それが知りたくて、またまたゲラを読み直してみることにした。

この本は、どの章も話の導入が面白い。「植物の生きかた」がテーマなのに、植物の話から始まらないことが多いのだ。まず、風呂上りの缶ビールとエダマメの相性の良さを稲垣さんは語る。そうだよなぁ。そのコンビは最高だよなぁ。そう思っていると、話はスルスルとマメの根っこの話に進んでいく。普通、植物の根っこの話を自ら進んで読もうとする人はそう多くはいないはずだ。でも、こうして誘導されれば、気付けば根粒菌なんていう、これまでまったく知らなかった存在を知ることが出来る。

また、全体を通して、たとえがうまい。これはもう、異常に感じるほどにうまい。特に「花と昆虫のかけひき」の章は秀逸だ。花が目立つようになっている理由を、商品名が印刷されたうちわでたとえたかと思えば、小さな花が集まって咲く理由を、フリーマーケットを例に出して説明してくれる。植物の世界の表現ではなく、人の世界の出来事でたとえてくれるので、こちらの想像力はどんどん膨らんでいく。なかでも、花の蜜の位置を説明するにあたって、コンビニの例が出てきたのには驚いた。コンビニには左回りの法則があり、売れ筋の商品を店内の奥に配置すると、お客さんが店内のあちこちを動き回るようになる。花の蜜だって、なるべく奥の方にあれば、虫が花に滞在する時間が増える。すると虫に花粉がくっつく可能性が高まる。そのまま虫が他の花に飛んでいけば、受粉が成功するというわけだ。そう説明されると、なんだかすごく納得感がある。

このコンビニの話を読んだとき、稲垣さん、よくそんなこと知ってますね。と、僕は思わず笑ってしまったのだが、こういう例が出てくるところに、稲垣さんという方の稀有さを感じる。というのも、おそらく稲垣さんは、植物にだけ関心がある人ではないのだろうと、僕は思うのだ。人のことにも、社会のことにも精通しているからこそ、こうした例えの数々が思いつくのだろう。

また、稲垣さんは、植物の生き方を擬人化して語ってくれる。ご自身がまえがきで触れている通り、擬人化という手法は、時に正確さを置き去りにしてしまう。研究者である稲垣さんが、これをするのはある意味ではリスクが伴う行為だろう。それでもなお、稲垣さんはあえて擬人化をする。一般の人が植物の生き方を知るためには、まず好奇心が必要なこと、そして想像力を働かせることが大切なのだとよくご存知だからだと思う。ここに、僕は稲垣さんの人間に対する理解と優しさを感じる。

そして、あとがきにはこんなことが書かれている。『「植物の生き方」を知った今、問われるのは「人間の生き方」なのかもしれない。』と。ここにきてようやく、本書で多くなされてきた擬人化や、植物の生き方と人の生き方の対比が、単なる分かりやすさのためだけに用いられていたわけではなかったのだと思い知らされる。現在、人間の活動は、地球環境を改変してしまうほどに大きなものとなった。それにもかかわらず、僕たちはいまだにそれを改善出来ずにいる。というよりも多分、そもそも自らの仕業を自覚できずにいるのだと思う。その理由のひとつに、僕たちがじつは、自分たちの生き方を知らないということがあるのかも知れない。

今の社会は、人は人のことばかりが目につくように出来ている。道の凸凹は平らに整えられてアスファルトが敷かれ、A地点とB地点が直線でつながれていく。こうして人は、人と交流したりビジネスをするための効率化を図っていく。そこに、植物を含むほかの命の生き方はあまり考慮されていない。ビルや建物の内外には鏡や、反射する素材が多く使われており、そこには絶えず自分の顔が写りこんでくる。まちを歩いているだけで、否が応でも自意識が肥大していく。自分のことばかり見ていれば僕たちは自分たちのことをもっと分かっても良さそうなものだが、なぜか、こうなればなるほど、僕たちは自分のことが分からなくなっていく。

しかし、ここに植物の生き方という比較軸が出来たらどうだろう。人から見れば、植物は不思議な生き方をしているかもしれないが、じつは人間だって他の命からしたら不思議な生き方をしているのだということが分かってきはしないだろうか。植物を知ると、人を知ることが出来る。その先に、僕たちが歩むべき道だって見えてくるかもしれない。稲垣さんから、そんなメッセージをいただき、僕は胸が熱くなった。僕は仕事柄、多くの植物の本を読むが、読後に感動を覚えるような本はそうそう無い。

植物の研究は日々進展している。ほんの数年前に常識とされていたことが、いまでは非常識となってしまうこともある。僕たちは最新の知見を絶えずアップデートしないといけないのだが、そんなことは一般の人には困難だ。でも安心してほしい。日本には稲垣さんがいる。きっとこれからも、植物の不思議で魅力的な生き方を教え続けてくれることだろう。稲垣さんがいてくれて、僕たちは本当に幸運だなぁと思うのである。

（すずき・じゅん　植物観察家）

本書は二〇一三年二月に朝日新聞出版より刊行された『植物の不思議な生き方』を改題し、解説を加え、文庫化したものです。

身近な雑草の愉快な生きかた　稲垣栄洋　三上修・画

名もなき草たちの暮らしぶりと生き残り戦術を愛情とユーモアに満ちた視線で観察、紹介した植物エッセイ。繊細なイラストも魅力。（宮田珠己）

身近な野菜のなるほど観察録　稲垣栄洋　三上修・画

『身近な雑草の愉快な生きかた』の姉妹編。なじみの多い野菜たちの個性あふれる思いがけない生命の物語を、美しいペン画イラストとともに。（小池昌代）

身近な虫たちの華麗な生きかた　稲垣栄洋　小堀文彦・画

地べたを這いながらも、いつか華麗に変身することを夢見てしたたかに生きる身近な虫たちを紹介する。精緻で美しいイラスト多数。（小池昌代）

身近な野の草　日本のこころ　稲垣栄洋　三上修・画

日本の里山や畔道になにげなく生えている野草は、食用や染料としていつも私たちのそばにあった。50種を文章と緻密なペン画で紹介。（岡本信人）

したたかな植物たち【春夏篇】　多田多恵子

スミレ、ネジバナ、タンポポ。道端に咲く小さな植物は、動けないからこそ、したたかに生きている！身近な植物たちのあっと驚く私生活を紹介します。

したたかな植物たち【秋冬篇】　多田多恵子

ヤドリギ、ガジュマル、フクジュソウ。美しくも奇妙な生態にはすべて理由があります。人知れず花を咲かせ、種子を増やし続ける植物の秘密に迫る。

野に咲く花の生態図鑑【春夏篇】　多田多恵子

野に生きる植物たちの美しさとしたたかさに満ちた生存戦略の数々。植物への愛をこめて綴られる珠玉のネイチャー・エッセイ。カラー写真満載。

野に咲く花の生態図鑑【秋冬篇】　多田多恵子

寒さが強まる過酷な季節にあえて花を咲かせ実をつける理由とは？　人気の植物学者が、秋から早春にかけて野山を彩る植物の、知略に満ちた生態を紹介。

花と昆虫、不思議なだましあい発見記　田中肇　正者章子

ご存じですか？　道端の花々と昆虫のあいだで、驚くべきかけひきが行なわれていることを。花と昆虫のだましあいをイラストとともにやさしく解説。

ドングリの謎　盛口満

ドングリって何？　食べられるの？　虫が出てくるのはなぜ？　拾いながら、食べながら考えた「ドングリの謎」。楽しいイラスト多数。（チチ松村）

クマにあったらどうするか　姉崎等　片山龍峯

「クマは師匠」と語り遺した狩人が、アイヌ民族の知恵と自身の経験から導き出した超実践クマ対処法。クマと人間の共存する形が見えてくる。（遠藤ケイ）

オスとメス＝進化の不思議　長谷川眞理子

なぜ生物としての性差が生まれ、男、女、LGBTQが存在するのか？　動物行動学の第一人者が、進化の本質をやさしく語る最新かつ最良の入門書。

増補　ゾウの鼻はなぜ長い　加藤由子

動物には不思議がいっぱい。「ネコの目はなぜ光る？」「動物は汗をかくの？」など、動物たちが生き残りのために身につけた驚きの生態を楽しく解説。

いのちと放射能　柳澤桂子

放射性物質による汚染の怖さ。癌や突然変異が引き起こされる仕組みをわかりやすく解説し、命を受け継ぐ私たちの自覚を問う。（永田文夫）

真鍋博の植物園と昆虫記　真鍋博

ユーモアと風刺で機知縦横に現代社会を植物と昆虫に見立てれば――。天才イラストレーターの幻の作品集が没後20年に合本して復刊。（荻上チキ）

理不尽な進化　増補新版　吉川浩満

進化論の面白さはどこにあるのか？　科学者の論争を整理し、俗説を覆し、進化論の核心をしめす。アートとサイエンスを鮮やかに結ぶ現代の名著。（養老孟司）

解剖学教室へようこそ　養老孟司

解剖すると何が「わかる」のか。動かぬ肉体という具体から、どこまで思考が拡がるのか。養老ヒト学の原点を示す記念碑的一冊。（南直哉）

考えるヒト　養老孟司

意識の本質とは何か。私たちはそれを知ることができるのか。脳と心の関係を探り、無意識に目を向ける。自分の頭で考えるための入門書。（玄侑宗久）

ゴリラに学ぶ男らしさ　山極寿一

自尊心をもてあまし、孤立する男たち。その葛藤は何に由来するのか？　身体や心に刻印されたオスの進化的な特性を明らかにし、男の懊悩を解き明かす。

ニセ科学を10倍楽しむ本　山本弘

「血液型性格診断」「ゲーム脳」など世間に広がるニセ科学。人気SF作家が会話形式でわかりやすく教える、だまされないための科学リテラシー入門。

増補 へんな毒すごい毒　田中真知

フグ、キノコ、火山ガス、細菌、麻薬……自然界にあふれる毒の世界。その作用の仕組みから解毒法、さらには毒にまつわる事件なども交えて案内する。

色を奏でる　志村ふくみ・文　井上隆雄・写真

色と糸と織――それぞれに思いを深めて織り続ける染織家にして人間国宝の著者の、エッセイと鮮やかな写真が織りなす豊醇な世界。オールカラー。

ちょう、はたり　志村ふくみ

「物を創るとは汚すことだ」。自戒を持ちつつ、機へ向かうときの沸き立つような気持ち。日本の色への強い思いなどを綴る。（山口智子）

語りかける花　志村ふくみ

染織の道を歩む中で、ものに触れ、ものの奥に入って見届けようという意志と、志を同じくする表現者たちへの思いを綴る。（藤田千恵子）

水辺にて　梨木香歩

川のにおい、風のそよぎ、木々や生き物の息づかい。カヤックで水辺に漕ぎ出すと見えてくる世界を、物語の予感いっぱいに語るエッセイ。（酒井秀夫）

自然のレッスン　北山耕平

自分の生活の中に自然を蘇らせる、心と体と食べ物のレッスン。自分の生き方を見つめ直すための詩的な言葉たち。帯文＝服部みれい（曽我部恵一）

ベランダ園芸で考えたこと　山崎ナオコーラ

ドラゴンフルーツ、薔薇、ゴーヤーなど植物を育て、生と死を見つめた日々。『太陽がもったいない』を改題、書き下ろしエッセイを新収録！（藤野可織）

わたしの中の自然に目覚めて生きるのです 増補版　服部みれい

生き方の岐路に立ったら。毎日の悩みにも。自分の中の「自然」が答えてくれる。心身にも、人間関係にも役立つ。推薦文＝北山耕平、吉本ばなな

魚味求真　関谷文吉

稀代の名人、紀文寿司四代目・関谷文吉氏が遺した究極の魚食エッセイ。本気で美味い魚を食べたいなら本書を読むべし！（カラペティバトゥバ　長雄一）

イワナの夏　湯川豊

釣りは楽しく哀しく、こっけいで厳粛だ。日本の川で、また、アメリカで、出会うのは魚ばかりではない、自然との素敵な交遊記。（川本三郎）

ちくま文庫

身《み》近《ぢか》な植物《しょくぶつ》の賢《かしこ》い生《い》きかた

二〇二三年六月十日　第一刷発行

著　者　稲垣栄洋（いながき・ひでひろ）

発行者　喜入冬子
発行所　株式会社　筑摩書房
東京都台東区蔵前二―五―三　〒一一一―八七五五
電話番号　〇三―五六八七―二六〇一（代表）
装幀者　安野光雅
印刷所　中央精版印刷株式会社
製本所　中央精版印刷株式会社

ISBN978-4-480-43878-2　C0145